MANUEL ASTRONOMIC OU INTRODUCTION AUX JUGEMENS ASTROLOGIQVES,

Contenant un Abregé succinct, positif & familier, pour servir, tant à la Medecine, Agriculture, & Navigation, qu'aux Horoscopes.

Auquel est ajoûté un petit Traité des Talismans ou Figures Astrales, & de la Poudre & de l'Encre de Sympathie.

Le tout recueilly de plusieurs excellens Auteurs, tant anciens que modernes.

Par P. G. Mathemat.

Astra regunt Homines; sed Deus Astra regit.

A ROUEN,
Chez VINCENT DE LA MOTTE, sur le Quay, prés la Porte du Crucifix.

M. DC. LXXXX.

AVERTISSEMENT
AU LECTEUR.

MY LECTEUR, l'Astrologie est si necessaire à la vie humaine, qu'il n'y a peut-être point de Science dans l'Univers qui la surpasse en excellence : Aussi la connoissance en est elle dés que le Monde a pris son commencement, Dieu l'ayant inspirée avec la vie, à nôtre premier Pere Adam, dans le Paradis Terrestre ; lequel l'ayant enseignée & laissée par tradition à ses Enfans & neveux, elle seroit parvenuë aux Saints Patriarches ; & d'eux, à nous successivement. Car premierement, elle sert à la pieté, confirmant la bonne opinion qu'on doit avoir de Dieu, nous conduisant comme par degrez à sa connoissance ; à sçavoir, qu'il y a un Etre éternel & souverain Ouvrier, indépendant, Createur, & conservateur de toutes choses, par le cours & mouvement si bien reglé des Astres & Spheres Celestes, qui composent ce grand & admirable Univers, & qui les maintient par sa sainte Providence, sans que jamais ils fourvoyent ny manquent au cours de leur premier chemin, avertissant les hommes par leurs divers mouvemens & Aspects, de ce qui doit arriver dans le monde, tant en general qu'en particulier, afin de n'être surpris au dépourvû ; ce qui doit exciter en nous une profonde adoration, amour, & obeïssance envers luy. En second lieu, elle profite aux biens du corps aussi bien qu'à ceux de l'esprit ; car ayant reconnu par icelle nôtre temperament, & à quoy nous sommes enclins par nature, nous pouvons mieux régler nos mœurs, nos actions & nos études, en toutes bonnes disciplines, aidant aux bonnes inclinations, par nôtre diligence, & reprimant les mauvaises à nôtre possible, par un bon regime, invoquant l'aide de Dieu, qui peut détourner & empêcher les influences des Astres quand bon luy semble ; lesquelles d'ailleurs ne forcent pas, mais inclinent seulement ; ce qui a fait dire par Salomon, le plus sage de tous les hommes, que, *Vir sapiens dominabitur Astris* ; ce qu'il faut entendre, sur leurs influences seulement ; cela étant, comme il est tres-certain, qu'y a-t-il de plus utile & necessaire, que de voir les veritables causes de son temperament ? Parce qu'en les connoissant, l'on peut éviter, détourner, ou diminuer beaucoup de mauvais accidens qui pourroient, arriver & s'appliquer heureusement à telle étude ou autre vacation, qui soit conforme à son naturel, & éviter que contre luy l'on n'entreprenne chose où l'on ne puisse que peu ou point profiter. Troisiémement elle sert au bien public aussi bien qu'au particulier, enseignant les tems propres pour semer, planter & moissonner, prévoir la sterilité, abondance, ou mediocrité des années, les maladies, peste, guerre, & famine, innondations d'eaux, & choses semblables; lesquels accidens étans prévûs de loin, peuvent être détournez ou moderez, tant par priéres à Dieu, que par bonne police, regime & precautions, suivant ces anciens Vers,

Qui sapit, ille animum fortunæ præparat omni,
Prævisumque potest arte levare malum.

C'est à dire,

Le sage se prepare à tout ce qui avient;
Ainsi le mal préveu, d'artifice on previent.

En quatriéme lieu, elle sert de guide à la Medecine, ainsi que l'ont tres-bien reconnu les plus excellens Medecins, & nommément Galien, Prince d'icelle, qui au 8. livre, *De ingenio sanitatis*, n'a point fait difficulté de dire que, *Medicus sine Astrologia, carnifex.*

Finalement, elle predit aux Nautonniers, les tempêtes & les orages, afin de les éviter: ce qu'ayant reconnu & murement consideré, je me suis autrefois étonné, pourquoy si peu de Personnes recherchent une si utile connoissance: J'ay crû d'abord, que ce pouvoit être la censure qu'en font quelques nouveaux Docteurs, qui les en pouvoint détourner, fondez sur la contrarieté & peu de verité, de quelques Almanachs, qui courent aujourd'huy, sans considerer les lieux où ils ont été composez, & que ceux d'un pays ne peuvent pas servir en un autre; parce qu'il peut bien faire beau tems en l'un, & mauvais en l'autre, comme il arrive ordinairement; selon les divers Signes qui les dominent. Surquoy ayant fait reflexion, j'ay crû que c'étoit plûtost la rareté & la cherté de grand nombre de Livres qu'il faut avoir pour l'aprendre & exercer, qui en dégoûte quelques-uns, & la grosseur de leur volume & sublimité de la matiere, qui en détourne les autres, desesperans de les pouvoir jamais bien comprendre, soit faute de loisir & d'aplication, ou manque de guide. C'est pourquoy j'ay crû faire un grand bien au public en luy donnant cet Abregé, que j'ay rendu succinct, facile, & aisé au possible, pour l'introduction de cette Science. Adieu.

PREMIERE PARTIE.

DU ZODIAQUE ET DE LA DIVISION DES SIGNES.

CHAPITRE PREMIER.

VANT que de traiter du principal, & afin que tout soit mieux entendu, je traiteray par ordre des principes. Commençant donc au Zodiaque, & aux Signes y contenus, je diray que le Zodiaque est un des Cercles majeurs de la Spere Celeste, lequel la divise en deux parties égales, ayant en largeur 12 degrez, & 360 de longueur, comme il sera cy-apres plus amplement declaré. Ce Cercle se divise en 12 parties égales, lesquelles s'apellent Signes : ayant pris leurs noms de quelque proprieté qu'ils ont, ou bien de la disposition des Etoilles qui s'y rencontrent. Iceux Signes sont notez & figurez par certains caracteres, tels qu'ils s'ensuivent.

Aries ♈, *Taurus* ♉, *Gemini* ♊, *Cancer* ♋,
Leo ♌, *Virgo* ♍, *Libra* ♎, *Scorpius* ♏,
Sagitarius ♐, *Capricornus* ♑, *Aquarius* ♒, *Pisces* ♓.

Chacun de ces Signes se divise pareillement en 30 degrez ; ce qui fait en tout, ledit nombre de 360 degrez : Le degré se divise derechef en 60 minutes ; la minute en 60 secondes ; la seconde en 60 tierces ; & ainsi procedant par la multiplication sexagenaire jusques à l'infiny, ou seulement jusques aux dixiémes : Mais icy je ne me sers que des minutes & degrez seulement.

Ces 12 Signes sont encore divisez en beaucoup de sortes : Premierement, en Septentrionaux & en Meridionaux, lesquels sont ainsi apelez ; parce qu'ils declinent de la ligne Equinoxiale ou Equateur, vers le Septentrion ou Midy.

Les Septentrionaux sont, ♈, ♉, ♊, ♋, ♌, ♍.

Les Meridionaux sont, ♎, ♏, ♐, ♑, ♒, ♓.

Les Signes qui ont droite ascension sont, ♋ ♌ ♍ ♎ ♏ ♐ Ils s'apellent droitement ascendans ou levans, pource qu'avec un chacun d'eux, monte plus de 30 degrez de l'Equinoxial, & avec les 6, sort plus de la moitié dudit Cercle.

Les Signes qui ont oblique ascension sont, ♑ ♒ ♓ ♈ ♉ ♊ Lesquels sont dits avoir ascension oblique, ou se lever obliquement, pource qu'avec un chacun d'eux, monte moins de 30 degrez de l'Equinoxial, & avec les 6 moins que la moitié dudit Cercle.

Les 6 qui ont oblique ascension, obeïssent à ceux qui l'ont droite, à sçavoir de 2 Signes également distans, du commencement de ♋ ou de ♑.

Ils sont pareillement partis en 4 triplicitez; à sçavoir, Ignée, Terrestre, Ærée, & Aquée.

Les Signes de l'Ignée sont, ♈ ♌ ♐ Lesquels comme le Feu, sont chauds & secs, bilieux, amers, masculins, diurnes, & Orientaux.

Ceux de la Terrestre sont, ♉ ♍ ♑ Lesquels comme la Terre, sont froids & secs, mélancoliques, aigres, feminins, nocturnes & Meridionaux.

Les Signes de l'Ærée sont, ♊ ♎ ♒ Lesquels ainsi que l'Air, sont chauds & humides, de qualité sanguine, doux, masculins, diurnes & Occidentaux.

Ceux de l'Aquée sont, ♋ ♏ ♓ Lesquels comme l'Eau, sont froids & humides, flegmatiques, insipides, feminins, nocturnes, & Septentrionaux.

Ils sont aussi distinguez en fixes, mobiles, & communs, pource que le tems auquel le Soleil est en iceux, il tient la qualité à eux attribuée, ou parce que ceux qui les ont en l'ascendant à l'heure de leurs nativitez sont communément en toutes leurs actions, participans de leurs qualitez.

Les fixes sont, {♉ ♌ ♏ ♒} Les mobiles, {♈ ♋ ♎ ♑} Les communs, {♊ ♍ ♐ ♓}

Davantage, les uns sont nommez diurnes, parce que ceux qui les ont en l'ascendant de leur naissance, sont plus beaux & plaisans : Les autres sont apelez nocturnes, dautant qu'ils font le contraire. Ils sont aussi distinguez en masculins & feminins, parce que les masculins rendent l'homme plus fort & robuste, & la femme virille : Et les feminins, attendu qu'ils rendent l'homme plus debile & effeminé, & la femme plus douce & naturelle.

On les divise finalement en 4 quartes, à sçavoir en la Vernale ou Printaniere, Estivale, Automnale, & Hyemale ou Hyvernale ; lesquelles contiennent les Signes constituans les 4 Saisons de l'année, comme s'ensuit.

La quarte Vernale, qui est apelée sanguine ou puerile, contient {♈ ♉ ♊}

L'Estivale, referée à la colere & à la jeunesse, comprend. {♋ ♌ ♍}

L'Automnale, comparée à l'âge viril & à la melancolie, est faite de {♎ ♏ ♐}

L'Hyemale, attribuée au dernier âge & au phlègme, contient {♑ ♒ ♓}

Des Planettes, & de leurs mouvemens & qualitez.

CHAPITRE II.

APrés avoir amplement parlé des Signes du Zodiaque & de leurs divisions, il convient parler des Planettes, pour apres le plus brévement qu'il sera possible, declarer les Dignitez qu'elles ont en iceux. Il faut donc sçavoir que dessous le Zodiaque il y a sept Planettes ou Etoilles errantes, lesquelles se meuvent perpetuellement de leur propre & continuel mouvement en diverses espaces de tems, selon la grandeur ou petitesse de leur Ciel. Car Saturne qui est le plus haut de tous, & a son Ciel plus grand, ne fait son tour ou revolution qu'en trente ans ou environ : Jupiter qui le suit, le fait en douze ans : Mars en deux : Le Soleil, Venus, & Mercure, en 365 jours & environ six heures ; Et la Lune, qui est la plus basse, le fait en 27 jours & environ huit heures. Par ainsi selon les diverses qualitez des Signes, & les divers mouvemens & aspects en iceux : Les effets ça bas sont divers, pour lesquels connoître faut sçavoir premierement la qualité d'icelles Planettes, comme il ensuit.

SATURNE est froid & sec, melancolic, ennemy de nature, destructeur d'icelle & de la vie humaine, masculin, diurne, méchant, & le plus infortuné.

JUPITER est chaud & humide, sanguin, amy & conservateur de nature, masculin, diurne & le plus fortuné.

MARS est chaud & sec immoderément, colere, masculin, nocturne, méchant, & le moins infortuné.

LE SOLEIL est chaud & sec moderément, masculin, diurne, fortuné par Aspect, & infortuné par corporelle Conjonction.

VENUS est froide & humide, temperément phlegmatique, feminine, nocturne, de bonne nature, & la moins fortunée.

MERCURE en toutes choses est commun & muable; car il est bon avec les bons, mauvais avec les mauvais, masculin avec les masculins, feminin avec les feminins, chaud avec les chauds, humide avec les humides, fortuné avec les fortunez, & infortuné avec les semblables, principalement quant à eux il est joint, ou apliquant corporellement ou par quelque bon Aspect.

LA LUNE est froide & humide, & combien qu'elle échauffe un peu, neanmoins elle humecte plus qu'aucune autre, mais elle change son naturel ou sa qualité, selon ses Quartiers; tout ainsi que fait le Soleil par les quatre parties de l'année: Elle est aussi nocturne, feminine, flegmatique, & nous raporte la vertu & impression de toutes les autres Planettes; car toutes les influences des Corps superieurs passant par son Ciel, finalement parviennent à nous. Cela suffira de la nature des Planettes, mais il est à propos de parler de la Tête & de la Queuë du Dragon.

La Tête du Dragon, ou nœud ascendant, est ainsi apelé le point par où la Lune passe du Midy au Septentrion, par la ligne Ecliptique ou voye de Soleil: Or cette Tête, tout ainsi que Mercure, est bonne avec les bonnes Planettes; & avec les mauvaises, elle est mauvaise: car étant en Conjonction avec les bonnes Planettes, elle augmente leur bonté; & avec les mauvaises, leur malice.

La Queuë du Dragon ou nœud ascendant, est le point par où la Lune traversant la ligne Ecliptique ou orniere du Soleil, repasse du Septentrion au Midy; laquelle partant est entierement contraire à la Tête; car elle est mauvaise avec les bonnes Planettes, & bonne avec les mauvaises; tellement que des bonnes, elle diminuë la bonté; & des mauvaises, la malice.

La ligne Ecliptique est ainsi nommée, à cause que les Eclipses se font toûjours en icelle, lors qu'il arrive que la Lune passe par la Tête ou Queuë du Dragon, lors de sa Conjonction ou Oposition avec le Soleil; de sorte que l'Eclipse du Soleil arrive toûjours en nouvelle Lune, & celle de Lune en sa plaineur; comme il se verra dans l'Ephemeride cy-aprés.

Il faut noter qu'il n'y a que la Tête du Dragon marquée en l'Ephemeride en la neufiéme Colomne, joignant les nouvelles & pleines Lunes avec un

A ou

A ou un B signifiant, si la Lune est Australe ou Boreale, c'est à dire du côté du Septentrion ou Midy; Mais la Queuë est diametralement opposée à la Tête; tellement que si la Tête se trouve au 20 degré de Cancer, la Queuë sera au 20 degré de Capricornus.

Toutes les Planettes ensemble, la Tête & la Queuë du Dragon, sont marquées & figurées par certains caracteres, ainsi qu'il ensuit.

Saturne ♄, *Iupiter* ♃, *Mars* ♂, *le Soleil* ☼, *Venus* ♀, *Mercure* ☿, *la Lune* ☽, *la Teste du Dragon* ☊, *la Queuë du Dragon* ☋.

Des Dignitez essentielles des Planettes.

CHAPITRE III.

NOs anciens ont connu par experience, que les Planettes exerçoient leurs forces & puissances en certains lieux du Zodiaque, plus qu'aux autres; ce qui se fait parce que la nature d'iceux ou des Etoilles qui sont ausdits lieux, s'accorde & convient mieux au naturel des mesmes Planettes; tellement qu'il y a une certaine sympathie & accord d'un naturel à l'autre; c'est pourquoy on les appelle Dignitez essentielles des Planettes; lesquelles Dignitez sont au nombre de cinq; à sçavoir, Maison, Exaltation, Triplicité, Termes ou Décuries, & Faces, desquelles voicy l'ordre.

De la premiere Dignité essentielle, qui est la Maison.

LE ☼ & la ☽, qui sont entre les autres Planettes, les deux grands luminaires creez de Dieu, l'un pour le jour, & l'autre pour la nuit, ayant la premiere domination & principal gouvernement en la generation & corruption des corps & choses inferieures de ce bas monde, ont à cette cause obtenu pour leurs Maisons, deux Signes convenables à leurs qualitez & natures, à sçavoir le Lion pour le ☼, & le Cancer pour la ☽, qui sont les deux Signes plus prochains de nôtre Zenit, & qui tiennent la plus grande partie de l'Eté, s'accordant entierement à leurs qualitez; car le Lion est chaud & sec, diurne, masculin, & fixe comme le ☼; & Cancer est froid & humide, nocturne, feminin & mobile comme la ☽. Ces deux Planettes ou luminaires, n'ont que chacun un Signe pour Maison; mais les cinq autres en ont chacun deux; dont l'une est dite diurne, & l'autre nocturne.

SATURNE donc, le plus haut des cinq, tout ainsi qu'il est contraire, des deux premiers, étant ennemy & corrupteur de nature & de ses œuvres, a obtenu pour ses Maisons, les deux Signes qui regardent Cancer & Leo, d'Aspect de parfaite inimitié, à sçavoir d'Oposition, qui sont Capricornus

& Aquarius, desquels ♑ est Maison nocturne, & ♒ Maison diurne. Mais au contraire, Iupiter, qui est pere & amy de nature, a pour ses Maisons ♐ & ♓, regardans le Lion & l'Ecrevice d'un Aspect trine, qui est de parfaite amitié, & desquels ♐ est Maison diurne, & ♓ nocturne. Et pource que ♄ suit prochainement ♃, l'une de ses Maisons est devant celle de ♄, & l'autre aprés. Mars qui suit ♃, a pour ses Maisons ♈ & ♏, desquelles ♈ est diurne, & ♏ nocturne, regardant ces deux Signes, ♋ & ♌, d'un quart Aspect, qui est d'imparfaite inimitié, dautant que ♂ n'est amy de nature, ny si grand ennemy que ♄. En aprés s'ensuit Venus, laquelle pour n'être ennemie de nature, ny toûtefois si grande amie que ♃, a pour ses Maisons deux Signes, regardans ♌ & ♋ d'un Aspect d'imparfaite amitié, à sçavoir du Sextil, qui sont ♉ & ♎, desquels ♉ est diurne, & ♎ nocturne. Mercure venant finalement aprés les autres, a pour sa Maison diurne ♊, & pour sa Maison nocturne ♍, lesquels ne regardent d'aucun Aspect les Maisons des Luminaires : pource que ☿ étant muable, s'accorde toûjours avec ceux ausquels il est joint, soit corporellement ou par Aspect. Cette dignité de Maison est ainsi apelée, parce que quand une Planette y est colloquée, elle est comme un Seigneur en son logis, qui commande & est obey : Toutesfois une Planette diurne est encore plus forte en sa Maison diurne qu'en la nocturne ; & ainsi faut-il juger d'une Planette nocturne. Cette Dignité, parce qu'elle est la premiere, est attribuée au nombre de cinq, c'est à dire qu'elle vaut cinq autres des moindres Dignitez. Or tout ainsi que cette Dignité est la plus grande de toutes, les Signes opposites sont les plus grandes infortunes; tellement qu'une Planette étant en un Signe opppsé à sa Maison, elle est en son détriment ou exil ; comme quand le ☉ est en ♒, qui est opposé au ♌, son domicile, & la ☽ au ♑, opposé à ♋ sa Maison, sont en leur détriment ou exil.

De l'Exaltation.

LA seconde Dignité essentielle est l'Exaltation, qui est un certain lieu du Zodiaque, auquel la vertu & puissance d'une Planette est élevée, ce qui se fait par quelque sublimité naturelle, comme il avient au ☉ quand il est en ♈, selon le jugement de Ptolomée ; mais principalement selon les autres, au 19. degré du méme Signe, parce que lors il commence de s'élever vers nous, & que les jours commencent à croître & surpasser les nuits ; mais il est abaissé au lieu où son ennemy ♄ est élevé, qui est en ♎ au 19 degré, comme en pareil, ♄ est déprimé & abaissé au 19 degré d'♈. Le semblable avient, à ♃ & ♂. Car ♃ est élevé au 15 degré de ♋, & déprimé au même degré du ♑, & ♂ au contraire est élevé au 28 degré de ♑, & déprimé au même degré de ♋. ♀ a son Exaltation au 27 degré des Poissons ; & en pareil degré de ♍, est sa chûte; ☿ l'a au 15 degré de ♓, & son Exaltation en pareil degré de ♍. La ☽ finalement est exaltée au 3 degré de ♉,

& déprimée en semblable degré de ♏. La Teste du Dragon est élevée au 3 degré de ♊, & déprimée au 3 degré du ♐; & au contraire, la Queuë du Dragon est élevée en ce même degré du ♐, & élevée au 3 degré de ♊. L'on voit donc que les Planettes ont leurs Exaltations en Signes regardans d'Aspect d'amitié l'un des Signes de leurs Maisons, ce qui est en partie cause qu'elles sont fortunées en ces lieux-là, comme il sera dit cy-aprés. Et combien que les anciens Arabes ayent fixé & arrété les Exaltations en certains degrez particuliers, comme il vient d'être exprimé; neanmoins selon Ptolomée, Prince de l'Astrologie, on la prend pour tout le Signe. Les Planettes donc exercent leurs puissances en ces mêmes Signes; partant si aucun naît lors, elles le rend heureux & fortuné, faisant le contraire en leurs chûtes & dépressions: Cette Dignité essentielle succedant à celle de Maison, est comparée & évaluée au nombre de quatre, c'est à dire qu'elle vaut quatre Dignitez, ainsi que la Maison en vaut cinq.

De la Triplicité.

ENtre les Dignitez essentielles des Planettes, la Triplicité obtient le 3 rang, de laquelle a été déja parlé, en traitant de la division des Signes, il reste donc maintenant de parler des Planettes qui ont la domination & gouvernement d'icelles, tant la nuit que le jour; chacune donc d'icelles Triplicitez est gouvernée par trois Planettes, desquelles l'une gouverne le jour; l'autre la nuit; & la troisiéme est commune & aidante, tant la nuit que le jour.

La premiere Triplicité, qui s'apelle Ignée, est regie & gouvernée de jour par le ☉; de nuit par ♃, & tant la nuit que le jour par ♄, lequel pour cette cause, est apellé commun Dominateur de cette Triplicité.

La seconde Triplicité, qui est la Terrestre, est pareillement dominée de jour par ♀, de nuit par la ☽, & tant la nuit que le jour par ♂.

La tierce, qui est Ærée, est gouvernée de jour par ♄, de nuit par ☿, & tant de nuit que de jour par ♃.

Finalement, la Triplicité Aquée, qui est la quatriéme, a obtenu ♀, ♂, & la ☽ pour ses Maîtres, ♀ pour le jour, ♂ pour la nuit, & la ☽ pour l'un & pour l'autre. Cette Dignité vaut trois.

Des Termes, Décuries ou fins des Planettes.

COmbien que chaque Signe soit entierement attribué, au propre domicile de quelque Planette, comme dit est; neanmoins leurs parties & degrez sont subdivisez pour les Termes ou fins d'icelles; à laquelle division on procede en cette maniere: Les six premiers degrez d'♈ sont attribuez à ♃; les six degrez suivans à ♀; les huit suivans à ☿; & les dix derniers à ♂ & ♄; & ainsi les Planettes, en tous les autres Signes, obtiennent certains degrez pour leurs fins ou termes. Mais pource qu'il seroit ennuyeux de les reciter icy, ils ont été tous redigez en une table cy-aprés avec toutes les autres Dignitez d'icelles, à la reserve des deux grands Luminaires, le ☉ & la ☽, dautant qu'ils n'ont pas certains degrez pour leurs termes, ainsi que les autres Planettes, ains chacun a la moitié du Zodiaque pour son terme, c'est à sçavoir au ☉, on attribuë la moitié du Ciel, commençant au premier point de ♌, & finissant au dernier point du ♑ ; & l'autre moitié qui commence au premier point d'♒, & finit au dernier de ♋ ; est pour la ☽. Or cette Dignité vaut deux.

Des Faces des Signes.

CY-devant le Zodiaque a été divisé en 12 Signes, & chaque Signe en 30 degrez ; maintenant il faut diviser ces 30 degrez en trois parties égales, que l'on apelle Faces, donc chacune contiendra 10 degrez pour chaque Planette, desquelles ♂ obtient la premiere, qui sont les dix premiers degrez d'♈, son Domicile : La seconde, qui sont les 10 degrez suivans, sont attribuez au ☉, son Exaltation : La troisiéme à ♀. La premiere du ♉ est attribuée à ☿ : La deuxiéme, à la ☽ : La troisiéme, à ♄. La premiere de ♊ à ♃ : La deuxiéme, à ♂ ; & ainsi consecutivement selon l'ordre des Faces & des Planettes, comme montrera clairement la Table cy-aprés. Cette Dignité est la moindre de toutes, car elle n'en vaut qu'une seule, comme celle de Terme en vaut deux : celle de Triplicité, trois : celle d'Exaltation, quatre ; & celle de Maison, cinq. Il y a quelques Modernes qui les comptent autrement ; mais cette forme est la plus ancienne & la meilleure, & bien plus facile.

Des degrez Masculins, Feminins, Lucides, Fumeux, Tenebreux, Puteaux, augmentans la Fortune, & ceux qui la diminuë, & apportent imbecilité de corps, apelez Azemenes.

CHAPITRE IV.

IL a été cy-devant démontré comme le Zodiaque est divisé en Signes & degrez, & que les uns sont Masculins & les autres Feminins ; maintenant il faut dire le semblable de leurs parties ou degrez, qui sont separez en beaucoup de sortes. Car les uns sont aussi apellez masculins, pource que quand une Planette masculine est en iceux, elle est plus forte & mieux fortunée. Les autres sont apellez feminins, parce qu'ils font le semblable des Planettes feminines : derechef les uns sont Lucides ; les autres Tenebreux ; d'autres Fumeux ; & les autres Vuides (& ce à cause des Etoilles fixes qui s'y s'y rencontrent de cette nature) Il y en a aussi qui sont Puteaux pour la même raison ; & d'iceux, les Lucides rendent les Planettes qui se rencontrent en iceux, fortunées ; mais les Fumeux, Tenebreux, & Puteaux, font le contraire. Les Vuides ne les rendent ny fortunez ny infortunez. Ceux qui augmentent la fortune sont aux lieux où il y a des Etoilles fixes qui sont de la nature des Planettes fortunées, ou bien sont aux lieux de l'Exaltation ou Termes des bonnes Planettes. Finalement il y en a qu'on dit apporter détriment ou imbecilité de corps, ou diminution d'iceluy ; ce qui se fait à cause du mauvais naturel des Etoilles fixes qui s'y rencontrent, ou pour autre cause. Quand donc en la nativité d'aucun, si le Maître de l'ascendant où la Lune se trouve en iceux, s'il n'est en l'un des Angles, & en sa Maison ou Exaltation, & Oriental, il aportera à celuy qui est né, la perte & rüine de quelque membre, ou le rendront bossu, sourd & müet, borgne, bigle, ou mal composé. Tous ces degrez sont compris en la Table suivante, avec les autres accidens d'icelles Planettes, chacun en sa Colomne. La premiere montre les Dignitez, fortunes & infortunes de chaque Planette en particulier, en chacun Signe du Zodiaque. En la deuxiéme Colomne en descendant sont les 30 degrez de chaque Signe : En la troisiéme sont les Termes ou fins des Planettes : En la quatriéme sont les Faces : En la cinquiéme sont les degrez Masculins ou Feminins, distinguez par les premieres lettres de leur nom, qui sont F & M : En la sixiéme sont les degrez Lucides, Tenebreux, Fumeux, & Vagues, notez par leurs lettres capitales : Et en la septiéme & derniere, sont contenus les degrez augmentans la fortune, les Puteaux, Azemenes, & les indifferens, aussi marquez par leurs premieres Lettres, à sçavoir les degrez augmentans la fortune, par une F ; les Puteaux, par un P ; les Azemenes, par un A ; & les indifferens qui ne font ny bien ny mal, par un I ; ce qui est tres-facile à comprendre.

Cette Table des Dignitez, fortunes & infortunes des Planettes, est à la fin de cette premiere Partie, aprés le 16 Chapitre d'icelle.

Des Heures Planettaires.

CHAPITRE V.

NOs Anciens ayant pareillement reconnu qu'il y avoit des heures & des jours ausquels les Planettes exerçoient leurs puissances plus efficacement aux uns qu'aux autres, ils les ont attribuez à chacune desdites Planettes en particulier ; à sçavoir, le Dimanche, au ☉ : Le Lundy, à la ☽ : Le Mardy, à ♂ : Le Mercredy, à ☿ : Le Jeudy, à ♃ : Le Vendredy, à ♀ : Et le Samedy, à ♄. Finalement, ils ont divisé le jour & la nuit en chacun 12 heures, soit que les jours soient longs ou cours ; le jour commençant à Soleil levant, & la nuit à Soleil couchant ; & les ont departies à chacune

Planette, selon qu'ils avoient observé leur proprieté, ce qui leur sert d'une Dignité. A Saturne, qui est le plus haut de tous, & le premier en ordre, ils ont soûmis la premiere heure temporelle du Samedy, qui est sa journée. La seconde heure, à ♃. La troisiéme, à ♂. La quatriéme, au ☼. La cinquiéme, à ♀. La sixiéme, à ☿. La septiéme, à la ☽. Et derechef, la huitiéme, à ♄; allant & continuant ainsi par ordre selon celuy des Planettes, jusques à ce qu'on parvienne à 24 heures; à sçavoir 12 de jour & 12 de nuit. La 25 heure, qui est la premiere du jour suivant; à sçavoir, le Dimanche est gouverné par le ☼: La deuxiéme, par ♀, &c. Ainsi la premiere heure du Lundy est gouvernée par la ☽: celle du Mardy, par ♂: du Mercredy, par ☿: celle du Jeudy, par ♃: & celle du Vendredy, par ♀: Et c'est ce qui a donné le nom à ces jours là, dont le trois fois grand Trimegiste a été l'inventeur: il est ainsi nommé trois fois grand, parce qu'il étoit parmy les Egyptiens, grand Pontife, grand Roy, & grand Philosophe. Par ainsi il est facile de remarquer quelle Planette domine en chaque jour & heure; mais deux choses sont à remarquer: la premiere, que la Planette qui gouverne la journée a toûjours l'intendance sur les autres qui gouvernent chacune heure particuliere: comme le ☼ qui gouverne le Dimanche; la premiere & la huitiéme heure du même jour a toûjours l'autorité sur les autres Planettes, qui luy succedent par ordre le même jour; de sorte, que la premiere heure & la huitiéme du même jour; la troisiéme & la dixiéme de la nuit suivante, le ☼ y a deux Dignitez; l'une, parce que le Dimanche luy est attribué; & l'autre, parce que ces heures-là luy apartiennent; & ainsi des autres jours & des mêmes heures. Et l'autre remarque qu'il faut faire, c'est que les jours se trouvant toûjours inegaux, & les nuits pareillement, sinon sous les Equinoxes, les heures sont pareillement inégales; car celles des longs jours, les heures sont plus longues, & celles de la nuit plus petites; & au contraire, aux courts jours les heures sont plus courtes que celles de la nuit, à quoy il faut bien prendre garde; mais en partageant le jour & la nuit en chacun 12 parties égales, l'on ne pourra faillir, commençant toûjours à Soleil levant & Soleil couchant, à la façon des Juifs & Babyloniens. Et afin que le tout soit mieux entendu, voicy une Table, par le moyen de laquelle on trouvera aisément à telle heure qu'on voudra, quelle Planette domine.

Heures du Iour, commençant à Soleil levant.

	1	2	3	4	5	6	7	8	9	10	11	12
Dimanche,	☉	♀	☿	☽	♄	♃	♂	☉	♀	☿	☽	♄
Lundy,	☽	♄	♃	♂	☉	♀	☿	☽	♄	♃	♂	☉
Mardy,	♂	☉	♀	☿	☽	♄	♃	♂	☉	♀	☿	☽
Mercredy,	☿	☽	♄	♃	♂	☉	♀	☿	☽	♄	♃	♂
Jeudy,	♃	♂	☉	♀	☿	☽	♄	♃	♂	☉	♀	☿
Vendredy,	♀	☿	☽	♄	♃	♂	☉	♀	☿	☽	♄	♃
Samedy,	♄	♃	♂	☉	♀	☿	☽	♄	♃	♂	☉	♀

Heures de la Nuit, commençant à Soleil couchant.

	1	2	3	4	5	6	7	8	9	10	11	12
Dimanche,	♃	♂	☉	♀	☿	☽	♄	♃	♂	☉	♀	☿
Lundy,	♀	☿	☽	♄	♃	♂	☉	♀	☿	☽	♄	♃
Mardy,	♄	♃	♂	☉	♀	☿	☽	♄	♃	♂	☉	♀
Mercredy,	☉	♀	☿	☽	♄	♃	♂	☉	♀	☿	☽	♄
Jeudy,	☽	♄	♃	♂	☉	♀	☿	☽	♄	♃	♂	☉
Vendredy,	♂	☉	♀	☿	☽	♄	♃	♂	☉	♀	☿	☽
Samedy,	☿	☽	♄	♃	♂	☉	♀	☿	☽	♄	♃	♂

Des Radiations ou Aſpects des Planettes.

CHAPITRE VI.

IL reſte maintenant à parler des Radiations ou Aſpects des Planettes, dont il y a de cinq ſortes ; à ſçavoir, Conjonction, Sextil, Trine, Quart ou Quadrat, & Oppoſition : Et combien que la Conjonction ne ſoit proprement un Aſpect, neanmoins on la met ordinairement au nombre d'iceux. Deſquels Aſpects les uns ſont d'amitié, comme le Trine & le Sextil : Les autres d'inimitié, comme la Quadrature & l'Oppoſition : La Conjonction eſt douteuſe ; car des bonnes Planettes, elle eſt bonne, & mauvaiſe des mauvaiſes. Conjonction eſt faite quand les centres de deux Planettes ſont diſtans l'un de l'autre en longitude & latitude d'un degré ſeulement. Sextil, est quand les centres des deux Planettes sont distans l'un de l'autre, par la sixiéme partie du Zodiaque, valans deux Signes ou 60 degrez ; parquoy il est apellé Sextil, & est de mediocre & imparfaite amitié, parce que les Signes qui se regardent d'un tel Aspect, s'accordent seulement par une qualité. La Quadrature ou quart Aspect, autrement dit Tetragone, comprend entre les centres de deux Planettes ou corps Celestes, la quarte partie du Cercle oblique du Zodiaque, qui vaut trois Signes, ou 90 degrez, lequel, parce que les Signes se regardant par luy, sont discordans le plus souvent de deux Qualitez, est d'imparfaite inimitié. Le Trine Aspect comprenant la tierce partie dudit Cercle, qui sont de 120 degrez, est de parfaite & entiere amitié, dautant que les Signes qui se regardent par iceluy, s'accordent en toutes qualitez. Finalement l'Opposition se fait quand la moitié du Zodiaque, valant six Signes ou 180 degrez, est comprise entre les centres & corps des deux Planettes. Laquelle est dite de parfaite & entiere inimitié, parce que les parties du Zodiaque, qui se regardent d'un tel Aspect, sont entierement contraires. Desquels Aspects les Sextil, Quart & Trine, sont doubles, à sçavoir dextre & senestre ; prenant le dextre par la partie de derriere, & le senestre par la partie de devant ; comme on dit qu'Aries a un Sextil dextre à ♒, & un senestre à ♊. Il a pareillement un Trine dextre à ♐, & un senestre à ♌. Il faut donc ainsi juger de tous les autres Aspects, lesquels durent autant que les Rayons des deux Planettes perseverent ensemble, dequoy sont faites les applications & separations, qui sont quelquefois prises pour vrais Aspects, dont sera parlé au Chapitre suivant ; desquels Aspects voicy les marques ou caracteres.

Conjonction ☌, *Sextil* *, *Quart* □, *Trine* △, *Oposition* ☍.

De l'Application & Separation.

CHAPITRE VII.

L'Application se fait quand les Cercles Radiaux des Planettes se viennent à joindre ensemble de Conjonction corporelle ou d'Aspect, par le milieu de leurs demis diamettres, ou quand une Planette est distante par six degrez du vray Aspect d'une autre, ou qu'elle adhere à une autre par la moitié de ses Rayons. Ces Cercles Radiaux sont differens l'un de l'autre, parce que l'un est grand & l'autre petit; car ♄ jette circulairement ses Rayons neuf degrez devant, & autant derriere: parquoy le demy diamettre de son Cercle Radial contient neuf degrez ; le diamettre entier 18. Le Cercle Radial de ♃ est de la même quantité ; mais celuy de ♂ contient seulement 16 degrez, qui sont huit pour le demy-diamettre. Le ☀ jette les siens circulairement

ment 15 degrez d'une part & d'autre, qui est la cause que le diametre de son Cercle Radial contient 30 degrez, & le demy 15. ♀ & ☿ jettent chacun leurs Rayons circulaires par 7 degrez en longueur, parquoy leur diametre est de 14. Finalement la ☽ envoye ses Rayons par la quantité de 12 degr. d'une part & d'autre, qui seroit en son entier 24 degrez de diametre. Donc partant l'aplication dextre de la ☽ à ♄, par un Sextil Aspect, sera quand les centres de leurs corps seront distans de 49 degrez 30 minutes. La senestre sera quand entre leursdits centres seront compris 70 degrez & demy, parce que la moitié du demy diametre du Cercle Radial de ♄ est de 4 deg. 30 minut. & la moitié de celuy de la ☽ contient 6 degrez. Si donc ces parties sont ajoûtées ensemble, ils feront le nombre de 10 degrez 30 minutes; lesquels étant ôtez de 60 degrez pour l'aplication dextre, restera ledit nombre de 49 degrez 30 minutes; mais étant ajoûtez audit nombre de 60 degrez pour l'aplication senestre, feront iceluy nombre de 70 degr. & demy: Il faut ainsi juger de tous les autres Aspects & Radiations des Planettes. Et venant à la separation, c'est quand une Planette laisse l'Aspect d'une autre, ou sa Conjonction, par un seul degré; aprés quoy elle est toûjours dite se separer, jusques à tant qu'elle l'ait delaissée entierement, & qu'elle soit sortie de ses Rayons; comme on dit la ☽ se separer de la Conjonction de ♃, quand elle le laisse d'un degré, & toûjours se separe jusques à ce qu'elle soit loin de luy de 10 degrez 30 minut. & alors elle est dite separée. Il faut icy noter que les Planettes inferieures apliquent aux superieures, & d'icelles semblablement, se separent; & non au contraire, les superieures n'apliquent point aux inferieures, parce que leur mouvement est plus tardif, & sont plus graves & pesantes que les inferieures.

Des accidens qui aviennent aux Planettes.

CHAPITRE VIII.

POur venir aux accidens qui aviennent aux Planettes, il faut commencer par la combustion, qui est lors qu'une Planette est cachée sous les rayons du ☉, tellement qu'on ne la peut voir; car alors elle est dite combuste ou brûlée; ce qui dure jusques à ce qu'elle ait laissé le corps du Soleil de 15 degrez; mais principalement de 12.

Almugea des Planettes n'est autre chose qu'une vision de face à face au respect des deux Luminaires, comme quand entre la Planette & le Soleil & la Lune, il y a autant de Signes qu'il y a entre sa Maison & celle du ☉ ou de la ☽, moyennant que ladite Planette soit Occidentale du ☉, ou Orientale de la ☽: comme si le Soleil étant en ♍, ♀ étoit au ♐, alors seroit Almugea; car entre ♉ & ♌ il y a deux Signes, & autant entre ♍ &

♐ ; ou si ♀ étant au ♌, la ☽ étoit en ♎, seroit Almugea ; car ♀ étant Orientale à la ☽, il y a un Signe entre ♌ & ♎, autant comme entre ♋, Maison de la ☽, & ♉ Maison de ♀. Or les Planettes sont Orientales quand de nuit elles se levent devant le Soleil, & se couchent de jour devant luy. Au contraire, elles sont Occidentales quand de jour elles se levent aprés luy, & se couchent aprés luy la nuit.

Entre les autres accidens des Planettes, la vacuité du mouvement ou mouvement vuide, se presente le premier, qui est quand une Planette se separant d'une autre, n'aplique à nulle autre durant le tems qu'elle demeure en ce Signe.

Quand une Planette est en un Signe toute seule, & que le Signe n'est regardé d'aucune autre Planette, icelle est apellée ferine ou sauvage

Celle qui est située hors de toutes ses Dignitez, est apelée Peregrine.

Elles sont dites être en leur hayn, qui vaut autant que similitude, quand les masculines sont en Signes & degrez masculins, les feminines en Signes & degrez feminins, & que les diurnes sont de jour sur la Terre, & les nocturnes la nuit.

Mais elles sont reputées être en leur Trône ou Char de triomphe lors qu'elles sont en des Signes où elles possedent plusieurs Dignitez, comme le ☼ au ♌ ; la ☽ en ♋ ; ♄ en ♒ ; ♃ au ♐ ; ♂ au ♏ : ♀ au ♉ ; & ☿ au ♍.

Pour les Antisces & contr'Antisces sont deux Signes, dont les premieres parties de l'un sont égales aux premieres ou dernieres parties de l'autre, comme le deuxiéme degré de ♊ est égal au 28 degré de ♋ : Le premier degré d'♈ au premier degré de ♎, dont les premiers sont apellez commandans, & les autres obeïssans, en voicy la Table.

Antisces.	Contr'Antisces.	
♊, ♉, ♈, ♓, ♒, ♑,	♈, ♉, ♊, ♋, ♌, ♍,	Commandans.
♋, ♌, ♍, ♎, ♏, ♐,	♎, ♏, ♐, ♑, ♒, ♓,	Obeïssans.

Des Forces & Fortunes accidentelles des Planettes.

CHAPITRE IX.

APrés avoir declaré les qualitez & natures des Signes, du Zodiaque, & des Planettes, avec toutes les Forces & Dignitez qu'elles ont en iceux, & les accidens qui leur peuvent arriver ; ce qui pourroit suffire : mais afin de ne rien obmettre, il est à propos de dire en peu de mots leurs autres fortunes & infortunes. Elles sont donc plus fortunées quand elles sont aux

Angles, ou du moins aux Maisons succedentes, ou quand elles regardent l'Ascendant, dont sera parlé cy-aprés au Chapitre des douze Maisons Celestes, & davantage lors qu'elles sont en leurs Dignitez essencielles, & en Signes de leurs qualitez, comme il a été montré cy-devant, ou quand elles se rencontrent aux Maisons Celestes où elles se réjoüissent, comme ☿ en la premiére, apellée Maison de Vie ou l'Ascendant : La ☽ en la troisiéme, apellée Maison de Freres : ♀ en la cinquiéme, apellée Maison d'Enfans : ♂ en la sixiéme, apellée Maison de maladie : Le ☉ en la neufiéme, apellée Maison de Foy & de Religion : ♃ en l'onziéme, apellee Maison d'Amis : Et ♄ en la douziéme, apellée Maison d'Ennemis.

Les Masculines sont pareillement fortunées en degrez masculins & quarte du Ciel masculine, & quand elles sont Orientales du Soleil, c'est à sçavoir quand elles le suivent par derriere ; & les Feminines quand elles sont en degrez feminins & quarte du Ciel feminine, & qu'elles sont Occidentales du ☉, qui est lors qu'elles marchent devant luy.

La force des Diurnes est exaltée quand elles sont de jour sur la Terre, & la nuit sous elle ; mais les nocturnes sont au contraire ; car étant de jour sous la Terre, & la nuit dessus, s'en réjoüissent.

Pareillement quand leur mouvement s'augmente, ou qu'il est vîte, ou du moins qu'elles soient directes, ou en la seconde Station, elles sont fortunées.

Le semblable est quand elles sont en Trine ou Sextil, ou pour le moins, Quart Aspect des bonnes Planettes ; comme aussi quand elles sont en même degré & minute qu'est le ☉ sans aucune distance longitudinale ou latitudinale, qui est sa vraye Conjonction, ou bien en * ou △ Aspect d'iceluy, ou quand elles sortent de combustion ou hors de ses Rayons.

Elles sont finalement fortes étans libres & hors les Aspects des malines, ou quand elles sont reçuës.

Pour la ☽ quand elle augmente de lumiere, c'est à dire quand elle est en Croissant aprochant de sa Plaineur, que son mouvement s'accroît, & qu'il n'est point vuide, elle est forte & bien fortunée.

Des infortunes des Planettes.

CHAPITRE X.

LEs Planettes sont infortunées quand elles sont aux Maisons cheantes, ou qu'elles ne regardent l'Ascendant d'aucun Aspect, ou quand elles sont hors de toutes leurs Dignitez essencielles, ou sont en celles des malines, comme aux Termes de ♂ ou de ♄, ou quand elles sont en leurs chûtes ou exil : Item, quand elles sont retrogrades, ou en la premiere Station, ou Meridionales.

La force des Masculines est diminuée en degrez feminins, & en quarte du Ciel feminine, & quand elles sont Occidentales du ☼, c'est à dire, quand elles marchent devant luy. Celle des feminines est aussi diminuée quand elles sont en degrez masculins & quarte du Ciel masculine & Orientales, suivant le ☼.

Pareillement les diurnes, quand elles sont de jour sous la Terre, & la nuit dessus ; & au contraire les nocturnes, quand elles sont de jour sur la Terre, & la nuit dessous, ou quand elles sont tardives en leurs mouvemens, ou jointes à la Queuë du Dragon, leurs forces sont diminuées.

Pareille infortune leur avient quand elles sont assiegées, c'est à dire, entre deux mauvaises Planettes, tellement que se separant d'une mauvaise, elles apliquent à une autre mauvaise; ce qui avient aussi quand elles sont brûlées, ou qu'elles sont en la voye ou chemin brûlé, qui dure depuis le troisiéme degré de ♎, jusques au neufiéme degré de ♏.

Elles le sont aussi étant en Conjonction ou Aspect des malines, & principalement du Quart ou Oposition, & pareillement du Quart Aspect du ☼ & de son Oposition. Cela avient aussi quand les malines sont élevées sur les bonnes, ou que les bonnes apliquent aux malines, mêmes aux bonnes étant retrogrades.

Quand le cours de la Lune est vuide, ou que son mouvement & sa lumiere diminuent, qui est au decours d'icelle, ou qu'elle est au douziéme Signe de sa Maison, qui est ♊, ou que du lieu où elle est elle ne regarde pas ♋, son Domicile, d'aucun Aspect, ou qu'elle est en la premiere ou douziéme Maison Celeste, elle est infortunée.

Finalement elle est en pareil détriment quand elle est éclypsée ou qu'en croissant elle est avec ♂, ou en decours avec ♄ : Et quand de son lieu elle ne voit pas celuy de sa Conjonction ou Oposition precedente, qui est le Signe & degré où elle étoit au commencement de son renouvellement, ou celuy de sa plaineur.

Des douze Maisons Celestes.

CHAPITRE XI.

IL a été parlé cy-devant qu'il y avoit des Maisons Celestes, autres que celles qui sont attribuées à chacune des Planettes, pour leurs Domiciles; maintenant il est à propos de declarer quelles sont ces autres Maisons, & comme elles s'apellent, avec leurs significations, afin de ne rien laisser qui puisse servir à cét Abregé. Il faut donc dire que tout le Ciel a été divisé & partagé par nos Anciens, en 12 parties égales, par deux grands Cercles qui passent par les Pôles du Monde, l'un apellé Meridien, qui passe pardessus nôtre

nôtre tére ou Zenit, & par dessous nos pieds ou Nadir : & l'autre, l'Horison qui nous separe des Antipodes : Ces deux cercles divisent donc le Ciel & la Terre en quatre parties égales : derechef l'on divise chacune de ces quatre parties en trois autres parties égales, pour parfaire le nombre des douze Maisons ; la premiere desquelles commence à l'Horison de la partie Orientale, & procedent selon l'ordre des Signes, au rebours du cours journalier du Soleil ; cette premiere s'apelle, Angle Oriental ou Ascendant : De ces douze Maisons, les unes sont apelées Angles, qui sont au nombre de quatre : Les autres, Succedentes, qui sont en pareil nombre ; Et les quatre dernieres, Cadentes ou Cheantes : Les quatre Angles. qui sont les plus nobles Maisons, sont les premiere, quatre, sept, & dixiéme, pour ce apelées poinćts Cardinaux : Les Succedentes, ainsi apelées, parce qu'elles suivent les Angles, sont les deux, cinq, huit, & onziéme Maisons : Et les Cadentes, sont les trois, six, neuf, & douziéme Maisons ; elles sont ainsi apelées, parce que les Planettes qui se rencontrent en icelles sont en leur chûte, & plus grande infortune, comme il a été dit cy-devant. Or pour mieux comprendre ces douze Maisons, avec leurs noms & qualitez particuliéres, en voicy la Figure cy-dessous.

FIGVRE DES DOVZE MAISONS,
apelée Théme Celeste.

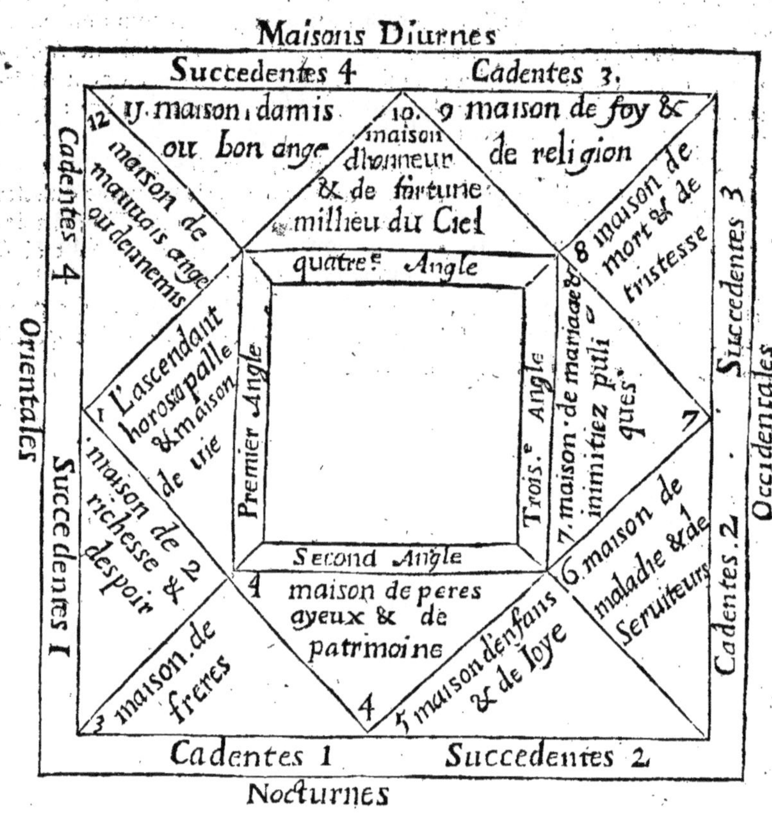

Des autres noms, qualitez, & significations des douze Maisons Celestes.

CHAPITRE XII.

AYant traité le plus succinctement qu'il a été possible, de la division des douze Maisons Celestes, il reste à parler de leurs autres noms, qualitez, & significations particulieres; comme aussi des Maîtres, de leurs Triplicitez. Par les Maîtres desquelles Triplicitez, l'on doit entendre ceux du

Signe qui s'y rencontre, dont a été parlé au troisiéme Chap. comme les Signes d' ♈, ♌, ♐, constituans la Triplicité Ignée, sont regis de jour par le ☀, de nuit, par ♃ & tant le jour que la nuit par ♄, & ainsi des autres Triplicitez : dont quand l'on trouvera cy-aprés, que le premier Maître de la Triplicité qui constituë une Maison, signifie telle chose, faut aviser quel Signe est placé dans ladite Maison, & de quelle Triplicité ce Signe dépend, si c'est de l'Ignée, de l'Ærée, de la Terrestre, ou Aquée, & par là on connoîtra les 3 Planettes qui la gouvernent, tant le jour que la nuit; & ce Maître est significateur des choses concernantes la Maison Celeste où ce Signe est placé, comme il se verra cy-aprés plus amplement.

La premiere Maison s'apelle Maison de vie, Horoscopale ou Ascendante, parce que c'est la premiere & principale de toutes; par icelle l'on connoît la longueur de la vie, & durée des choses. Les Maîtres de ses Triplicitez ont ces significations; par le premier, l'on entend le commencement de la vie; par le deuxiéme, le milieu d'icelle; & par le troisiéme, la fin de la vie, ou le troisiéme âge, qui est le décrepit.

La seconde Maison est apellée Maison de richesses ou d'espoir : Le premier Maître de ses Triplicitez donne les biens au commencement de la vie: le deuxiéme, au milieu; & le troisiéme, à la fin d'icelle.

La troisiéme s'apelle Maison de freres & de sœurs, amitiez, cousins & cousines : Son premier Maître signifie les grands freres : le deuxiéme, les moyens, & le troisiéme, les petits.

La quatriéme s'apelle Maison de peres, ayeux & de patrimoine, par laquelle l'on juge des peres, ayeux, & de leurs successions, & de toute chose immobile, comme châteaux, tresors cachez en terre, & autres choses, avec la fin d'icelles : Par le premier Maître de ses Triplicitez l'on juge des peres, ayeux, & de leurs successions : Par le deuxiéme, des châteaux & tresors cachez : Et par le troisiéme, de la fin des choses.

La cinquiéme s'apelle Maison d'enfans, ayant signification sur iceux, & sur les amitiez ou amours, legs & donations. Le premier Maître de ses Triplicitez, signifie les enfans : Le second, les amours : Et le troisiéme, les legs, donations, legats ou messagers.

La sixiéme est apellée Maison de santé ou maladie, serviteurs & servantes; par icelle on connoit les choses qui doivent arriver durant la vie, & les mutations & changement d'un lieu en autre : Par le premier Maître de sa Triplicité, l'on connoit les maladies, langueurs & tristesses : Par le deuxiéme, on juge des serviteurs & servantes : Et par le troisiéme, des utilitez d'iceux, & des animaux avec leur multitude.

La septiéme est apellée Maison de mariage : Par icelles l'on connoit quelles femmes l'on doit avoir, les contentions, guerres, larcins, & ennemis, achapts, venditions, bannis, fugitifs : Le premier Maître de sa Triplicité juge des femmes : Le deuxiéme, des guerres & contentions, & le dernier des acquests & venditions.

La huitiéme s'apelle Maison de mort, parce qu'elle est significative de la mort, des labeurs, tristesses, heritages des morts, & de la fin de la vie : Le premier Maître de sa Triplicité est dominateur de la mort : Le deuxiéme, des preceptes & choses antiques : Et le tiers, des heritages des morts.

La neufiéme est apellée Maison de Foy & de Religion, par laquelle l'on peut juger de la foy & religion, des visions, de sapience, des bruits, des songes, des messagers, narration des choses futures : Du premier Maître de sa Triplicité on prend jugement des chemins, & de ce qui avient en iceux: Du deuxiéme, de la Foy & Religion, & choses qui en dépendent : Du troisiéme, des songes, visions & sapience.

La dixiéme est la Maison Royale, d'honneur & de fortune ; car par elle on a connoissance des puissances & dominations, des Dignitez & Offices, des Arts qu'on doit exercer & des Métiers ; l'on juge aussi par icelle des choses dérobées : Elle est apellée Angle ou milieu du Ciel, parce qu'elle est droitement posée sur nôtre tête. Le premier Maître de sa Triplicité est gouverneur des œuvres & Etats : Le deuxiéme, des Puissances, dominations & commandemens : Et le troisiéme, de la stabilité & permanence aux dignitez.

L'onziéme s'apelle Maison d'amis, ou bon Ange ; par icelle on juge des amis, esperance, foy en autruy, & des loüanges : Le premier Maître de sa Triplicité est gouverneur des amis & de la foy en iceux : Le deuxiéme, des labeurs ; Et le tiers, de l'utilité d'iceux.

La douziéme s'apelle Maison d'ennemis ou mauvais Ange ; elle donne vray jugement des ennemis occultes, des trompeurs, envieux, pleurs, emprisonnemens, murmuremens, & mauvaises pensées, & de toutes choses qui aviennent aux femmes, à l'enfantement. Le premier Maître de sa Triplicité est celuy qui regit les ennemis occultes : Le deuxiéme, des labeurs, pleurs, &c. Et le troisiéme, les enfantemens.

Voilà brévement les significations des douze Maisons Celestes, qu'on doit retenir en memoire, dautant que par icelles on peut juger de toutes choses ; car connoissant le naturel bon ou mauvais des Planettes, significatives des choses qu'on voudroit sçavoir, avec leurs forces, fortunes & infortunes, l'on juge facilement de toute question.

Le moyen de dresser la figure des douze Maisons ou Theme Celeste, en tel jour & heure qu'on voudra.

CHAPITRE XIII.

POur dresser la figure ou Théme Celeste, en tel tems qu'on desirera, soit pour une nativité, une maladie, élections, ou pour les entrées du Soleil aux poincts Equinoxiaux & Solsticiaux, & aux Quartiers de la Lune, ou Lunaisons, ou pour autre question, l'on y procedera par le moyen de la Tala Table des douze Maisons Celestes cy-aprés, qui est construite pour l'elevation du Pole 49, & laquelle insensiblement peut servir aux élevations de 47, 48, 49, 50, 51 degrez, où est scituée la plus grande partie de la France, & particulierement la Normandie, Bretagne, Poitou, Anjou, le Maine, le Perche, la Beauce, l'Hurepois, l'Isle de France, Brie, Champagne, Picardie, & partie des Pays-Bas, & autres lieux de même Elevation. Comme par exemple, si l'on proposoit de construire une Figure Celeste pour la Nouvelle Lune & Eclypse du 11 Janvier de la presente année 1675, à 7 heures 20 minutes, le Soleil étant au 22 degré de Capricornus: Ainsi ayant le vray lieu du Soleil pour le tems susdit, qui est 22 degr. de Capricornus, il faut entrer dans la Table des Maisons du Signe de ♑: & comme chaque Table est divisée en 7 Colomnes; en la premiere, on trouve les heures & minutes du tems aprés midy: Et ensuite sont les Colomnes des six Maisons Orientales, qui sont les 10, 11, 12, 1, 2, 3, & entre lesquelles; sçavoir, dans la Colomne de 10, il faut chercher le degré du Soleil, qui est 22 ♑, & vis à vis, dans la Colomne du tems, on trouve 19 heures 35 min. qui se doivent ajoûter avec les 7 heures 20 min. cy-dessus, il en vient 26 heures 55 minut. desquelles il faut rejetter 24 heures, il reste deux heures 55 min. qu'il faut derechef chercher dans la Colomne des heures; & les ayant trouvées dans la Table de ♉, vis à vis du 16 deg. où sont seulement 2 heur. 54 min. ce qui n'apporte aucun erreur; car il faut toûjours prendre le plus approchant de ce qu'on cherche: cela trouvé, faut colliger les pointes ou commencement des six Maisons Orientales, étant vis à vis desdites 2 heures 54 min. qui sont 16 degrez ♉ pour la 10 Maison; 28 degr. ♉ pour l'11 Maison; 2 degr. ♌ pour la 12; 26 ♌ pour la premiere, qui est l'Ascendant; 18 ♍ pour la 2; & 12 degrez ♎ pour la 3 Maison, qu'il faut mettre d'ordre dans la Figure; & les degrez des Signes opposez serviront pour les autres 6 Maisons Occidentales, sçavoir 16 degr. ♏, pour la 4 Maison; 28 degr. ♏ pour la cinquiéme; 2 degrez ♒ pour la sixiéme; 26 ♒ pour la septiéme; 18 ♓ pour la huitiéme; & 12 deg. ♈ pour la neufiéme Maison, qu'il faut pareillement colloquer d'ordre dans la Figure, comme il paroît par la suivante; mais il faut noter que le tems Astronomic ne commence qu'à midy, au lieu que le tems Civil commence dés minuit; de sorte que lors qu'on compte 22 heures du tems Astronomic, cela revient à 10 heures de matin du lendemain; car le tems Astronomic se conte toûjours jusques à 24 heures apres midy, tout d'une suite; c'est à quoy il faut prendre garde; & lors qu'on propose un tems Civil, il le faut toûjours reduire en Astronomic, afin de s'accommoder avec nos Tables, comme si la question étoit proposée pour le 20 Mars, à neuf heur. de matin du tems Civil, cela reviendroit au 19 dudit mois, à 21 heures aprés midy, & ainsi du reste.

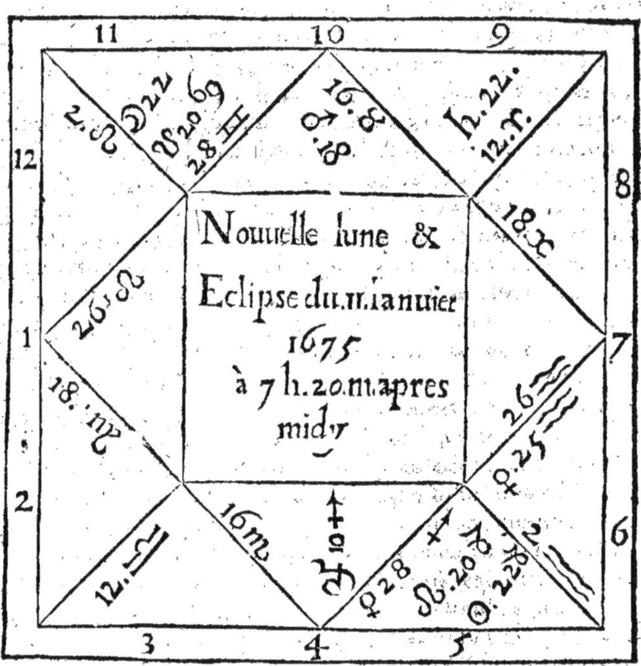

C Ette Figure ainſi tirée, & les 12 Maiſons pointées en icelles, il ne reſte qu'à y placer & colloquer les ſept Planettes, avec la Tête & Queuë du Dragon, comme on les trouve dans l'Ephemeride dudit jour 11 Janvier 1675. Premierement, Saturne ayant été trouvé au 22 degré d' ♈, ſera mis dans la neufiéme Maiſon, où ſe trouve le même degré dudit Signe. Secondement, Jupiter ayant été trouvé au dixiéme degré de ♐, doit être mis en la quatriéme Maiſon où eſt ce même degré de ♐; car quoy que ce Signe ſoit marqué dans la cinquiéme Maiſon, neanmoins il n'y en a que les 28, 29, & 30 derniers degrez ; le ſurplus étant en la quatriéme Maiſon. Tiercement, Mars ayant été trouvé en ladite Ephemeride au 18 degré de ♉, doit être placé dans la dixiéme Maiſon où eſt ce même degré. En quatriéme lieu, le Soleil trouvé au 22 degré de ♑, doit être mis dans la cinquiéme Maiſon, où eſt tout ce même Signe. En ſixiéme lieu, Venus ayant été trouvée au 25 degré d' ♒, doit être placée dans la cinquiéme Maiſon où eſt ce degré; car ce Signe n'entre point dans la ſeptiéme Maiſon juſques au degré ſuivant, qui eſt le 26 ♒. En ſixiéme lieu, Mercure ayant été trouvé au 28 degré de ♐, ſera placé dans la cinquiéme Maiſon où eſt ce degré. En ſeptiéme lieu, la Lune étant au 22 degré de ♊, doit être miſe en l'onziéme Maiſon, en laquelle eſt tout ce Signe. Finalement la Tête du Dragon ainſi marquée ☊, ayant été trouvée au 20 degré de ♐, doit être miſe en la cinquiéme Maiſon, où eſt tout ce Signe: Et pour ce qui eſt de la Queuë du Dragon ainſi marquée ☋, elle n'eſt point dans l'Ephemeride; mais comme elle eſt toujours oppoſée à la Tête, elle doit être miſe en l'onziéme Maiſon, en laquelle eſt contenu tout le Signe de ♊, oppoſé au ♐. Il faut noter que lors qu'un Planette, la Tête ou la Queuë du Dragon, ſe trouve dans une autre Maiſon que celle où le Signe où elle eſt, eſt marqué, qu'il faut marquer le Signe avec la Planette & le degré d'iceluy, comme il ſe voit en la Figure precedente, où Jupiter s'étant trouvé au 4 degré de ♐, a été placé en la quatriéme Maiſon en cette ſorte: ♃ 10 ♐, dautant que ce Signe eſt marqué en la cinquiéme Maiſon: ſemblablement Venus eſt marquée en la ſixiéme Maiſon en cette maniere, ♀ 25 ♒, dautant que ce Signe n'y étoit marqué; mais bien en la ſuivante, qui eſt la ſeptiéme Maiſon, ce qu'il faut obſerver en toutes autres rencontres.

Comment ſe peut trouver le Maître de l'Aſcendant & des autres Maiſons.

CHAPITRE XIV.

Pour trouver le Maître, ſoit de l'Aſcendant ou de quelqu'autre Maiſon; que les Arabes apellent *Almutem*, qui vaut autant à dire que ſurmontant, c'eſt pourquoy les François l'apellent Maître & Seigneur, qui eſt la Planette qui ſe trouve avoir plus de Dignitez, & être la plus forte, & mieux fortunée en ce lieu-là: comme en la Figure precedente il ſe trouve que le Soleil eſt Maître de l'Aſcendant, dautant que le 26 degré du ♌ s'y rencontre, & que ce Signe eſt le vray domicile du ☉, qui vaut 5 Dignitez, & ſon Terme qui en vaut deux, qui font ſept Dignitez, ainſi qu'il paroît par la Table des Dignitez des Planettes cy-aprés contenuës. ♃ y en a trois, à cauſe de ſa Triplicité nocturne, cette Eclypſe étant arrivée de nuit. ♂ y en a pareillement trois; à ſçavoir, deux pour ſon Terme, & un pour ſa Face. Mais le ☉ y en ayant ſept, en demeure le Maître, quoy qu'il ſoit logé dans la cinquiéme Maiſon, où il ne regarde la ſienne, qui eſt le ♌, d'aucun Aſpect; mais il regarde la Maiſon aſcendante d'un Trine Aſpect, qui eſt de parfaite amité.

Le 18 degré de ♍ étant à la pointe ou entrée de la deuxiéme Maiſon, fera que ☿ en ſera le Maître, comme y ayant neuf Dignitez; à ſçavoir, cinq pour ſa Maiſon, & quatre pour ſon Exaltation. La ☽ y en a trois pour ſa Triplicité nocturne.

Le 12 degrez de ♎ faiſant l'entrée de la troiſiéme Maiſon, donnera l'intendance d'icelle à ♀, parce qu'elle y a cinq Dignitez, à cause de sa Maison qui est ♎. ♄ y en a pareillement cinq ; quatre pour son Exaltation, & un pour sa Face ; mais parce que ♀ est feminine, & le douziéme degré de ♎ pareillement, elle l'emporte sur ♄ & ☿, qui y a pareillement cinq Dignitez ; à sçavoir trois pour sa Triplicité nocturne, & deux pour son Terme.

Le 16 degré de ♏ faisant l'ouverture de la quatriéme Maison, en donnera la Maîtrise à ♂ pour y avoir huit Dignitez ; à sçavoir, cinq pour sa Maison ♏, & trois pour sa Triplicité nocturne ; aucun autre ne luy disputant cette qualité.

Le 28 degré de ♐ faisant celle de la cinquiéme Maison, en constitura Seigneur le bon ♃, à cause de sa Maison ♐, & de sa Triplicité nocturne, qui valent huit Dignitez ; ♄ y en ayant seulement quatre ; trois pour sa Triplicité commune, & un pour sa Face ; & ♂ deux pour son Terme.

Le 2 degré d'♒ faisant celle de la sixiéme Maison, en donnera le commandement à ♄, à cause de sa Maison, qui vaut cinq, malgré son ennemie ♀ qui y en a seulement quatre ; trois pour sa Triplicité nocturne, & un pour sa Face.

Le 28 degré du même Signe d'♒, faisant celle de la septiéme Maison, donnera la même qualité à son hôte ♄.

Le 18 degré de ♓ faisant celle de la huitiéme Maison, il en baillera la Maîtrise à ♃ son hôte ; y ayant six Dignitez ; cinq pour la Maison, & un pour sa Face ; ♂ y en ayant quatre, à cause de son Exaltation.

Le 12 ♈ faisant la pointe de la neufiéme Maison, en baillera les clefs à ♂ pour y avoir six Dignitez ; à sçavoir, cinq pour sa Maison ♈, & un pour sa Face, le ☉ y en ayant seulement quatre pour son Exaltation, & un pour sa Face.

Le 16 de ♉ faisant celle de la dixiéme Maison royale, en donnera la Souveraineté à la ☽, pour y avoir dix Dignitez ; à sçavoir, quatre pour son Exaltation ; trois pour sa Triplicité ; 2 pour son Terme, & un pour sa Face : ♀ y en a seulement cinq, à cause de sa Maison le ♉, & ♃ deux pour son Terme.

Le 28 de ♊ faisant celle de l'onziéme Maison, en constitura Seigneur ☿, pour y avoir huit Dignitez ; cinq pour sa Maison ; & trois pour sa Triplicité nocturne ; aucun autre ne luy disputant cette qualité.

Le 2 de ♌ donnant ouverture à la douziéme Maison, en donnera aussi la donation au ☉, comme étant en sa Maison, voire en son Trône ou Char de triomphe, qui fait que ♃ qui y a cinq Dignitez ; trois pour sa Triplicité nocturne, & deux pour son Terme ne sera que Coadjuteur.

Il faut noter qu'il n'est pas toûjours necessaire d'observer les Seigneurs de toutes les Maisons, comme il a été fait cy-dessus, où il n'est besoin que de connoître le Maître de l'Ascendant & celuy de l'Eclypse, ce qui en a été fait n'étant que pour montrer aux aprentifs, les moyens de trouver tous les Maîtres de la Figure ; car cela peut servir aux Horoscopes & en quelques autres questions.

Pour

Pour trouver le Maître de l'Eclypse qui est de Lune, icelle étant au 22 degré de ♋, à 2 degrez prés de la Queuë du Dragon; pour ce faire faut aller à la Table des Dignitez des Planettes cy-dessus, & aviser qu'elle Planette a plus de Dignitez au 22 degré de ♋, où il se trouve que c'est la ☽, comme y ayant onze Dignitez; à sçavoir, cinq pour sa Maison; trois pour sa Triplicité commune; deux pour son Terme; & un pour sa Face: mais parce qu'elle est empêchée & infortunée à cause qu'elle est Eclypse, ce sera ♃ qui l'emportera par dessus, pour y avoir six Dignitez; à sçavoir, quatre pour son Exaltation, & deux pour son Terme, lequel d'ailleurs étant en son Trône le ♓, & en un Angle, qui est la quatriéme Maison, fera que cette Eclypse ne fera pas beaucoup de mal, comme il se verra plus amplement par les Prédictions des Eclypses cy-aprés amplement déduites.

Mais revenant aux Maîtres ou Seigneurs des douze Maisons Celestes, s'il se trouvoit d'aventure que deux Planettes y eussent autant de Dignitez l'une comme l'autre, comme il arrive souvent, alors il faut aviser si l'une est en l'Ascendant proche de l'entrée d'iceluy; car quoy que l'autre eût toutes les Dignitez qu'elle pourroit avoir, & que celle qui est en l'Ascendant n'eût que deux ou trois Dignitez, neanmoins elle sera Maîtresse, & l'autre non; mais si l'une ne l'autre ne sont en l'Ascendant, il faut considerer & voir laquelle des deux le regarde d'un plus fort & meilleur Aspect, car elle sera *Almutem*; & si elles sont encore égales en Aspect, celle qui sera en un Angle ou Succedente, l'emportera sur celle qui sera en une Maison cheante: Si encore il avient qu'elles soient égales en cecy, il faut remarquer laquelle sera en degré mieux convenant à elle, comme la masculine en degré masculin, la fem. en degré fem. ou en degré Lucide ou augmentant la fortune, ou en son jour & heure, car elle l'emportera sur celle qui seroit de divers genres, ou en degré tenebreux, fumeux, puteal ou Azemene: Finalement si elles sont en toutes choses semblables, alors il faut juger que la Dignité de Maison vaut mieux qu'Exaltation; celle-cy plus que Triplicité; la Triplicité, mieux que Terme: & luy, mieux que Face: que l'Australe cede à la Boreale; la tardive, à la vîte; & la Retrograde, à toutes les autres; cela se connoîtra plus facilement par l'exemple suivant: Soit une question proposée du jour de laquelle l'Ascendant soit le 22 degré d' ♈; & veut-on sçavoir qui sera le Maître de l'Ascendant, allant à la Table des Dignitez des Planettes, l'on trouvera qu' ♈ est Maison de ♂, & que son Terme est situé au même degré; parquoy il obtient en ce lieu sept Dignitez; sçavoir, cinq pour sa Maison, & deux pour son Terme: Le ☉ y en a pareillement sept; à sçavoir, quatre pour son Exaltation, & trois pour sa Triplicité diurne: Il s'agit maintenant de sçavoir laquelle de ces deux Planettes sera la Maîtresse de l'Ascendant; mais parce que l'on supose qne le ☉ a été trouvé au haut du Ciel en la 10 Maison, regardant l'Ascendant d'un Quart Aspect, & que ♂ étoit dans la 6 Maison, n'ayant communication à l'Ascendant d'aucun Aspect, le ☉ en sera le Seigneur & Maître;

♂ toutefois sera participant en la domination de l'Ascendant avec le ☀, à cause de ses Dignitez ; mais le ☀ sera toûjours le Maître & principal Seigneur. Il faut en cette sorte se gouverner en toutes les autres Maisons.

Des Etoiles fixes.

CHAPITRE XV.

AYant été amplement parlé des Planettes ou Etoiles errantes, il est à propos de dire quelque chose des Etoiles fixes, & de leur nature, lever & coucher, le plus succinctement que faire se pourra. Je dis donc qu'en outre les douze Signes, il y a 36 Constellations ou Configurations Celestes, qui contiennent ensemblément avec les douze Signes, environ 1000 Etoiles connuës, dont voicy les principales & les plus grosses, & les plus considerables, avec leur nature, & le tems de leur lever & coucher, pour les 48, 49, & 50 degr. de Latitude.

	Lever.	*Coucher.*	*Nature.*
Algol, ou Chef de Meduse.	3. D. ♒	26. D. ♊	♃ & ♄.
Fomahand, qui est la derniere de ♒.	13. ♉	14. ♒	♄.
La moyenne des Pleyades ou Poussiniere.	16. ♉	29. ♉	♂ ☉
L'œil Boreal du Taureau.	8. ♊	1. ♊	♂
La premiere des Hyades. (Aldebaran.	12. ♊	25. ♉	♂ ☉
L'œil Austral du ♉, nommée Palilice ou	14. ♊	0. ♊	♂
L'Epaule dextre d'Orion.	13 ♋	8. ♊	♂ ☿
La Lumineuse de la ceinture d'Orion.	16 ♋	28. ♉	♃ ♄
La moyenne des trois Rois. (gel.	17. ♋	27. ♉	♃ ♄
Le Pied senextre d'Orion, nommée Ri-	19. ♋	17. ♉	♃ ♄
Polux, autrement Hercules. (la Canicule.	10. ♋	3. ♌	♂
Le petit Chien, nommé Procyon, autrem.	4. ♌	28. ♊	☿ ♂
L'Asnon Boreal.	30. ♋	10. ♌	♂ ☉
L'Asnon Austral.	4. ♌	4. ♌	♂ ☉
Le grand Chien, nommé Sirius. (telet.	13. ♌	28. ♉	♂ ♃
La Basilique, cœur du Lyon, ou le Roy-	25. ♌	24. ♌	♂ ♃

	Lever.	*Coucher.*	*Nature.*	
Le Cœur de l'Hydre.	5. ♍	11. ♋	♄	♀
La Chevelure de Berenice.	28. ♌	15. ♐	●	♀
Bootes, Arcturus, ou le Bouvier.	5. ♎	25. ♐	♃	♂
L'aîle dextre du Corbeau.	14. ♎	27. ♌	♄	♂
L'œil du Corbeau.	16. ♎	10. ♌	♄	♂
Les pieds du Corbeau.	22. ♎	18. ♌	♄	♂
L'Epy de la Vierge.	20 ♎	13. ♎	♀	☿
La Lance Boreale.	9. ♏	2. ♐	♃	☿
La Lance Australe.	22. ♏	24. ♎	♄	♂
La plus lumineuse de la Lyre.	25. ♎	14. ♓	♀	☿
Le Chef du Serpentier.	17. ♏	27 ♑	♄	♀
Anthares ou le cœur du Scorpion.	9. ♐	25. ♏	♂	♃
La poitrine du Cygne.	13. ♏	5. ♈	♀	☿
La queuë de l'Aigle.	4. ♐	14. ♒		♄
La queuë du Dauphin.	25. ♐	27. ♒	♄	♂
La Bouche de Pegase.	16. ♑	9. ♓	♂	♃
Le chef de Pegase Boreal.	26. ♒	10. ♓	♄	☿
L'Aigle ou le Vautour volant.	18. ♐	18. ♎	♂	♃
La ceinture d'Andromede.	27. ♑	14. ♉	♀	♃
Le Bouc en Chevrette.	24. ♊	12. ♉	♂	☿

Predictions des Etoiles fixes.

LE ✸ se levant avec les Asnons, trouble l'Air, avec les tonnerres, pluyes, & tempêtes.

Avec Arcturus, émouve les vents & les tempêtes, ainsi qu'avec le Dauphin.

Avec l'Aigle, produit les neiges, ainsi qu'avec le Chef de Meduse.

Avec Aldebaran, émouve les vents, pluyes, tonnerres, & grossit les Fleuves.

Avec la Ceinture d'Andromede & Fomahand, trouble le tems, & le rend humide

Avec Pegase, dénote l'Air froid & neigeux.

Le ☉ se couchant avec la Lyre, produit tems froid & humide.
Avec les Pleyades, engendre pluyes & grosses nuës.
Avec le Roitelet, foudres & tonnerres.
Avec le grand Chien, serenité, avec tonnerres & éclairs.
Avec Aldebaran & les Etoiles d'Orion, pluyes, vents & tempêtes.
Avec les Etoiles de la nature de ♄, nuës, neiges, & pluyes froides.
Avec celles de la nature de ♀, pluyes & humiditez.
Avec celles de la nature de ♂, chaleur, tonnerres & éclairs.
Mars, Venus, & Mercure, ou l'un d'eux, passant par les Hyades & Pleyades, amenent la pluye.
Somme, les Etoiles de la nature de ♄, sont froides & séches, qui présagent la grêle & semblables froidures.
Celles de ♃ sont salubres & venteuses.
Celles de ♂ sont Ignées, pleines de tourmente, de tonnerres & de Pestilence.
Les Veneriennes sont humides & froides.
Les Solaires sont chaudes & venteuses.
Les Mercuriales sont variables; car avec ♄, elles gélent.
Avec ♃, venteuses & tempêtueuses.
Avec ♂, impetueuses: Avec ♀, pestilentes; Et avec la ☽, troublent la Mer.
Partant Arcturus & Orion sont tempêtueuses.
Le Chartier & la Chevrette sont venteuses.
Les Hyades & Pleyades sont pluvieuses.
Les chaudes extrémement, sont les premieres parties du Lyon & les Chiens.

Des amitiez & inimitiez des Planettes entr'elles.

Les Amies, sont,

Le Soleil est amy de ♃ & ♀.
La Lune est amie de ♃, ♀, & ♄.
Mars est amy de ♀.
Mercure est amy de ♃, ♀, & ♄.
Jupiter est amy du ☉, ☽, ♀, & ♄.
Venus est amie du ☉, ☽, ☿, & ♃.
Saturne est amy de ♃, ☉, & ☽.

Les Ennemis, sont,

Le Soleil est ennemy de ♂, ☿, & ☽.
La Lune est ennemie de ♂ & ☿.
Mars est ennemy de ☽, ☿, & ♄, mais plus du ☉ & ♃.
Mercure est ennemy du ☉, ☽, & ♂.
Jupiter est ennemy de ♂ & ☿.
Venus est ennemie de ♄.
Saturne est ennemy de ♂, mais plus de ♀.

Les Païs, Villes, & Citez, sujets aux Signes Celestes.

CHAPITRE XVI.

SOus ARIES, sont la Syrie, la Palestine, la France, la grande & petite Bretagne, la Duché de Bourgogne, la Germanie ou Allemagne, la Silesie, la petite Pologne; Et les villes de Naples, Capouë, Ancone, Imole, Ferrare, Florence, Bergame, Utrecht, Brunsvvic, Cracovie, Marseille, & autres.

Sous TAURUS, sont Parthie, Medie, Perse, Cypre, Asie mineur, Russie, la grande Pologne, Hybernie, Loraine, les Suisses & Franconie; avec les villes de Burges en Espagne, Boulogne, la Grasse, Mantouë, Tarente, Panorme, Lucerne, Salerne, & autres.

Sous GEMINI, sont Hyrcanie, Armenie, Martiane, Cyrenaïque, Marmorique, partie de la Lombardie, Flandres, Brabant, Duché de Vuitemberg, Egypte inferieure, & les villes de Cordouë, Viterbe, Turin, Verseil, Louvain, Bruges, Londres, Magunce, Bamberg, Norimberg, Trente, & autres.

Sous CANCER, sont la Numidie, Afrique, Bythinie, Phrigée, Colchide, Carthage, la Comté de Bourgogne, Holande, Zelande, Ecosse, Prussie, & les villes de Lubec, Magdebourg, Gorlize, & autres.

Sous LEO, sont Chaldée, Phenice, Orchinie, les Alpes, Italie, Sicile & Boheme; avec les villes de Rome, Apulée, Damas, Siracuse, Ravenne, Gemone, Ulme, Confluence, Prague, Mantouë, Cremone, & autres.

Sous VIRGO, sont Mesopotamie, Babylone, Assyrie, Achaye, Grece, Croatie, Carinthie, Crete; avec les villes d'Athenes, Jerusalem, Corinthe, Rhodes, Paris, Lyon, Heyldeberq, Herford, & autres.

Sous LIBRA, sont Bactriane, Ethiopie, Savoye, Dauphiné, Alsace, Livonie, Austriche; avec les Villes de Thebes, Arles, Cayette, Plaisance, Fribourg, Argentine, Spire, Franc-fort sur le Mœin, Vienne en Austriche, & autres.

Sous SCORPIUS, sont Matragonte, Comagene, Capadoce, Judée, Idumée, Getulie, Mauritanie, Norvegue, Catalogne, Bavieres; avec les Villes d'Alger, Valence, Urbin, Aquilée, Padouë, Freïus, Vienne en Dauphiné, & autres.

Sous SAGITTARIUS, sont l'Arabie Heureuse, Tirrhenie, Espagne, Dalmatie, Esclavonie, Hongrie, Moravie, Illirie; avec les villes de Tolede, Volterre, Narbonne, Avignon, Cologne Agripine, Rotemberg, Bude en Hongrie, & autres.

Sous CAPRICORNUS, sont les Indes, Arriane, Gedrosie, Macedoine, Illyrie, Thrace, Bossine, Albanie, Bulgarie, Lituanie, Turinge, Orcades; avec les villes de Juilliers, Bergue, Gand, Brandebourg, Constance, Fayence, & autres.

Sous AQUARIUS, sont Oxiane, Sogdanie, Arabie Deserte, Sarmatie, Tartarie Majeure, Valachie, Russie Rouge, Danie, partie de la Suetie, Vvesphalie, Piedmont, Partie de la Baviere; Avec les Villes de Bréme, Hambourg, Montferrat, Pisaure, Salbourg, Ingolstad, & autres.

Sous PISCES, sont Phasanie, Masomonitide, Garamantes, Lydie, Pamphilie, Cilicie, Calabre, Portugal, Normandie; avec les villes d'Alexandrie, Compostelle, Roüen, Vvormes, Ratisbonne, & autres.

SECONDE PARTIE.

DES PREDICTIONS EN GENERAL.

Ce qu'il faut observer pour prédire juste.

CHAPITRE PREMIER.

Que l'on doit avoir égard aux constitutions generales.

Article premier.

L'ON ne doit point ajoûter foy aux predictions d'un Astrologue qui ne connoît point les constitutions generales des Regions, des Villes, des Lieux, & des Airs, qui disposent le sujet aux accidens qui luy arrivent pendant sa vie; parce qu'elles changent les constitutions particulieres, & qu'on ne sçauroit même connoître celles-cy, sans auparavant avoir connu celles-là : C'est pourquoy il convient presentement de parler du Pronostic en general, où l'on pourroit raporter les causes des établissemens, des augmentations, & des décadences des Empires, Royaumes & Etats, le dégast universel des terres, les pestes & les famines, qui ne doivent pourtant être attribuées qu'à Dieu seul, qui gouverne tout par sa providence.

Que Dieu laisse agir les causes secondes.

Article II.

Neanmoins les Astrologues qui prétendent connoître toutes choses par la disposition des Astres, ne laissent pas de les leur attribuer ; parce que Dieu ayant donné le premier branle à la nature, l'a réglée à produire tous ses effets necessairement, comme cause seconde, de la même façon qu'un particulier qui monte un horloge, pour luy faire sonner les heures qu'il souhaite à point nommé. C'est pourquoy sans déroger à la sainte Providence, on dit que les changemens des Royaumes & des Religions, ne viennent que du changement des Planettes d'un lieu dans un autre, & que leur excentricité est la Roüe de Fortune, qui établit, augmente ou diminuë les Etats, selon l'endroit du Monde où elle commence ou finit.

Du commencement des Empires de Rome, des Grecs, & des Turcs.

Article III.

Ainsi l'Empire Romain a commencé l'année du Monde 3231, & celuy d'Alexandre le Grand l'année 3629, sous l'excentricité du ☀. Et la Loy de Mahomet n'a eu son origine que sous celle de ♄, l'an de JESUS-CHRIST 621, & son Empire par Ottoman, l'année 1335, sous la ☽, dont ils portent l'image dans leurs Armes, & ainsi des autres : De sorte que par un calcul exact du mouvement du petit Cercle qui emporte le centre de l'excentrique à l'entour de sa circonference, l'on pourroit connoître le tems précis de la ruïne des Monarchies presentes.

De la division de la Terre.

Article IV.

Mais je m'arréte seulement aux changemens des Airs, parce que je n'écris point pour décider de la fortune des hommes ; mais pour apliquer l'Astrologie à la Medecine, à l'Agriculture, & à la Navigation, ausquelles cette connoissance est necessaire. Or pour connoître les diverses qualitez des Airs en general, il faut connoître le Signe qui gouverne la Contrée pour laquelle on agit ; & comme dans chacun des douze Signes les Planettes y ont plus ou moins de force, selon qu'elles s'y trouvent dans leurs Maisons, Exaltations, Triplicitez, Faces ou Décuries, les Peuples participent de la nature de celle qui domine ; comme par exemple, le Belier, le Lion & le Sagitaire, qui font la premiere Triplicité & la quatriéme partie du Zodiaque, correspondent à la quatriéme partie de la Terre, qui est l'Europe, dont les Habitans participent de la nature de ♂, du ☀, & de ♃ Occidentaux ; parce que ♈ est Maison de ♂ : que ♌ est celle du ☀, qui a encore son Exaltation dans ♈, & que ♐ est celle de ♃ ; & ainsi des autres Signes & Planettes, dont on peut aprendre les dominations particulieres par le 16 Chapitre de la premiere Partie de ce Livre.

De la triple Conjonction des Planettes, & du jugement qu'il en faut faire.

CHAPITRE II.

Comment se font les Conjonctions des Planettes.

Article premier.

LA Conjonction est lors que deux Planettes sont directement sous un même point, ou lors qu'elles sont éloignées l'une de l'autre de la moitié de leurs orbes, que l'on apelle Speres D'activité. Elle est grande, moyenne, ou petite. La premiere se fait des Planettes superieures, comme de ♄ & ♃ dans des Signes de feu, d'air & d'eau ou de terre, & lors qu'elles passent d'une triplicité dans une autre totalement contraire, comme de feu dans celle d'eau, il arrive de grands changemens dans le monde.

De la deux & troisiéme Conjonction.

Article II.

La deuxiéme se fait lors qu'elles ne passent point dans des Signes tout à fait contraires, comme des Balances dans le Scorpion, qui sympathisent en humidité: ou du Belier dans le Taureau, semblables en sécheresse, laquelle a causé le changement des Empires des Assyriens, & des Medes & des Grecs. Et la troisiéme est lors qu'elles passent dans des Signes Sympatiques, & elle ne fait point de grands changemens sur la Terre.

Du pronostic des Conjonctions.

Article III.

La Conjonction des Planettes superieures dans les Signes d'eau, pronostique la guerre, qui se termine par la paix à cause de ♏, Maison de ♂, & des ♓, Maison de ♃. Celle des trois Planettes superieures, Saturne, Jupiter, & Mars, s'apelle tres-grande, & aporte un grand changement, mais elle n'arrive qu'en 795 ans une fois, dont la derniere fut en 1583, dont toute l'Europe a ressenty les effets; celle de Saturne & de Jupiter s'apelle moyenne; celle de Saturne & de Mars, petite; & enfin celle de Jupiter & de Mars aussi petite: La Conjonction de ♄ & de ♂ au commencement de l'Ecrevice, produit la secheresse & la sterilité, si elle n'est regardée de quelque fortune, à cause que Mars y est dans sa chûte, & Saturne dans son détriment ou exil.

Comme il faut juger des effets des Conjonctions.

Article IV.

Or pour bien juger des effets des Conjonctions, il faut choisir l'heure qu'elles commencent ; en dresser la figure Celeste, & établir le Seigneur du lieu, de l'Ascendant, & des Conjonctions, & selon la nature & les regards qu'il aura avec les bonnes ou les mauvaises Planettes : il faut prononçer les effets qu'elles doivent produire ; mais comme l'on ne sçauroit avoir une exacte connoissance de ces Conjonctions, à cause que ces trois Planettes sont trop lentes en leurs mouvemens, & qu'on n'a pas bien pris la peine de les observer, il est plus à propos de choisir pour Seigneur de la figure de l'une de ces Conjonctions, la Planette qui dominera sur le lieu de la Conjonction, & prendre celle qui aura plus de Dignitez, ayant toûjours égard au lieu & à la Maison où la Conjonction se fait, aux forces & aux foiblesses des Planettes, qui l'accompagnent de leurs regards, de leurs Antisces ou de leurs contr'Antisces, si elles sont Septentrionales ou Meridionales, parce que celles-là sont toûjours plus fortes que celles-cy.

Qu'on juge des Conjonctions selon la nature de leurs Seigneurs.

Article V.

La figure étant bien examinée, on jugera par la nature de l'Astre, qui aura plus de vertu, si elles produisent la guerre, les inondations, la naissance de quelque grand Personnage, pour les Lettres, & pour les Armes, l'établissement, l'augmentation ou la ruine de quelques Etats ; ce qu'on pourra aussi juger par les Quarrez & par les Oppositions des Planettes superieures qui produisent les mesmes effets que les Conjonctions : Car si la Conjonction de Saturne & de Jupiter menace quelques Princes voisins de discorde, elle se terminera par la paix : Si Mars & Mercure la regardent favorablement, comme l'on peut observer dans les dernieres années, que la même Conjonction s'est faite dans le ♐, qui domine l'Espagne. L'Oposition des mêmes Planettes en signifient autant, des guerres & des combats sanglans, dont le victorieux sera déterminé par la Planette qui aura plus de force & de dignité. Or la premiere Conjonction qui se fera des deux Planettes superieures Saturne & Jupiter, arrivera en l'année 1683, au Signe de Leo, au tems marqué dans l'Ephemeride, qui signifie, selon Argolus, de grands changemens dans le Monde. Or cette Conjonction se fait de 20 ans en 20 ans ou environ.

Pour

Pour connoître quel Signe & Planette domine sur chaque Ville & Contrée.

CHAPITRE III.

Que les petites Villes suivent le bonheur & le malheur des Metropolitaines.

Article premier.

LES petites Villes suivent ordinairement le bon-heur ou le malheur de leurs Metropolitaines; & pour en sçavoir quelque chose en general, on doit connoître les Signes du Zodiaque sous lesquels elles sont situées, ou bien les Signes qui occupoient l'Ascendant dans le tems de leurs constructions, lesquels étant inconnus, l'on prendra le Signe où s'est fait quelque Eclypse, ou quelque Conjonction ou Opposition des Planettes superieures, qu'on aura observée depuis long-tems avoir causé quelques maux generaux dans ces endroits; comme les seditions populaires, les inondations, les pestes, les famines, les tremblemens de Terre, les vents tempestueux, & autres effets extraordinaires, qui seront des marques infaillibles de la domination du Signe qui correspond sur ces Villes; & suivant qu'il sera ou Maison de Saturne, ou de quelqu'autre Planette, l'on jugera du Seigneur qui la domine; de sorte que lors que quelque Eclypse ou grande ou moyenne Conjonction, se forme des Planettes qui dominent sur les lieux dans les Signes ausquels ils sont sujets, il n'y a pas de doute que si elles tombent dans la dixiéme Maison Celeste, qu'elles ne marquent aucun avancement: Dans la sixiéme, grandes maladies: Dans la huitiéme, mortalité; & ainsi des autres, selon leurs significations; parce que les Eclypses & les Conjonctions communiquent plûtost leurs effets aux choses qui regardent la multitude; comme les Empires, les Royaumes, les Provinces, les Citez, & les Personnes sacrées des Rois & des Princes, que les particuliers.

Du choix qu'on doit faire pour vivre heureux & en bonne santé.

Article II.

Or suivant ces principes, un homme qui veut vivre heureux dans quelque Ville ou Contrée, la doit choisir d'une maniere, qu'elle ait l'Ascendant de même que le sien, ou du moins qui luy convienne en quelque chose; car s'il luy étoit tout à fait contraire, il n'y pourroit vivre en santé: & si outre la santé, il y veut rencontrer la fortune, il faut que son Ascendant ne soit point opposé à celuy de la Ville ou Contrée, autrement il y vivroit fort malheureux & infortuné. Un Medecin peut tirer de cette doctrine, la connoissance pour faire utilement changer d'air à ses Malades. Si un homme veut recevoir des honneurs & des dignitez en quelque endroit, il faut que le milieu du Ciel ou le lieu du Soleil de la figure, convienne avec l'Ascendant du lieu où il veut faire sa residence. S'il y veut amasser des richesses, il faut que le lieu de Jupiter s'accorde avec le Signe Ascendant de la Ville: Et s'il y veut enfin vivre heureux, il doit courir jusques à ce qu'il ait trouvé un lieu auquel quelques-unes du moins luy puissent convenir. Mais si l'on ne peut sçavoir les Signes sous lesquels les Villes sont situées, pour n'avoir bien observé les Conjonctions ny les Eclypses precedentes, l'on doit observer les actions generales des Habitans; en sorte que par leurs deportemens l'on puisse faire la difference du milieu du Ciel qui les domine, & particulierement celles des principaux, comme nous avons dit, lequel étant heureux & fortuné, leur donne du bonheur & de la fortune en toutes choses; comme par exemple, si le Roy gouverne son Royaume avec beaucoup d'autorité, c'est une marque que sa naissance s'accorde avec celle de son Royaume: & s'il y souffre des traverses & de l'embarras, il indique le contraire. Si Mars est au haut du Ciel de quelque Ville, il y fait les Habitans seditieux: Si Saturne y est, il les rend mécaniques & laborieux; & si les autres y sont, ils operent conformément à leurs qualitez.

Des Eclypses.

CHAPITRE IV.

Qu'il y a deux sortes d'Eclypses.

Article premier.

PUisque nous venons de dire qu'on doit examiner les Eclypses pour connoître les Signes qui gouvernent les Royaumes, les Provinces, les Villes, & les autres lieux, & les maladies generales, il faut par consequent établir des régles communes & particulieres, pour en juger sainement, & sçavoir qu'il y a deux sortes d'Eclypses, dont l'une se fait par la Conjonction des deux Luminaires, & l'autre par leur Opposition, partiles ou platiques: Celle-là est de Soleil, & elle n'a qu'un Seigneur; & celle-cy est de la Lune, & elle en a deux; parce qu'elle se termine dans deux Signes differens de situation & de temperament.

Pour connoître les effets des Eclypses.

Article II.

Et pour avoir une exacte connoissance des effets qu'elles peuvent produire, on doit sçavoir l'heure precise d'icelles, pour en dresser le théme ou figure Celeste, dans lequel on doit considerer le Seigneur du lieu de l'Eclypse, celuy de l'Ascendant, & celuy du milieu du Ciel, & distinguer apres, lequel des trois a plus de force & de vertu, avec les Planettes les plus voisines des poincts Cardinaux, si elles sont dans les cadentes ou dans les succedentes : car celle qui en est la plus proche, est toujours la plus forte : on en doit encore examiner les Aspects qui peuvent avancer, reculer ou empêcher les effets signifiez par les Eclypses, & choisir pour Seigneur celle qui a plus de force ; & s'il s'en rencontroit deux égales, qui fussent les maîtresses des deux lieux de l'Oposition, on établiroit celle qui seroit Orientale, au préjudice de l'Occidentale ; & l'on prefereroit encore la directe à la retrograde ; comme il est assez bien montré au quatorziéme Chapitre de la premiere Partie de ce Livre.

Des Maisons où se font les Eclypses.

Article III.

Eu égard aux Maisons, supposé que la ☉ ait été Eclypsée dans les Poissons placez dans la septiéme Maison, elle causeroit du desordre dans les familles entre le pere, la mere & les enfans ; parce que la septiéme Maison signifie les mariages, & leurs ménages ; l'on peut juger ainsi des autres Maisons, selon leurs significations. Si Saturne regarde d'un Sextil l'Eclypse, & que son Aspect se termine dans un Signe de longue ascension : il tâche d'obscurcir le Ciel, & d'exciter de furieux vents, principalement si la Lune est dans la Queuë du Dragon : Mais le cœur du Lion de la nature de Mars & de Jupiter, étant à l'Ascendant, resiste aux menaces de Saturne ; divertit les maladies causées par des fluxions froides ; purifie l'air, & il rend toutes les significations de Saturne inutiles.

De la forme des Signes où se font les Eclypses.

Article IV.

Eu égard aux formes des Signes, à leur situation, & à leur division, si l'Eclypse arrive dans les Signes qui ont forme humaine, le mal arrivera aux hommes : Si elle se fait dans ceux qui ont quelque forme d'un animal, le mal arrivera aux animaux : Si elle tombe dans un Signe Septentrional de forme humaine, elle causera des tremblemens de Terre : Si dans un Meridional, elle signifira quantité de pluyes : Si dans les trois Signes du Printems, elle fera du mal à la semence & aux premiers fruits de la Terre : Si dans ceux d'Eté, elle en fera à la moisson : Si dans les Signes Automnaux, elle signifira du mal aux fourmis, aux herbes, aux oyseaux, aux poissons, & aux autres choses qui viennent en ce tems : Si dans les Equinoxes, elle marquera les choses sacrees & la Religion : Si dans les Solstices, elle indiquera les établissemens des Loix & des Republiques, leurs changemens & leurs édifices, qui se commencent heureusement sous des Signes fixes, pour être de longue durée : Si elle arrive dans des Signes doubles, comme le Sagitaire & les Gemeaux, elle signifie quelque je ne sçay quoy aux hommes, à leurs Rois, & à leurs Gouverneurs, dans les parties du Monde sujettes aux Seigneurs & aux Signes où elle se fait.

Ce que les Eclypses signifient dans les quatre Angles & autres Maisons de la Figure.

Article v.

S'il se fait quelque Eclypse dans le premier Angle qui signifie la jeunesse, elle causera du bien ou du mal selon sa nature & sa qualité, aux choses qui ne font que de naître, aux fleurs, aux Enfans, aux Ecoliers, aux Aprentifs, aux fondemens des maisons, & à l'éducation de la jeunesse. Si elle se fait dans le milieu du Ciel, qui signifie le milieu de l'âge, elle fera du bien ou du mal, suivant ses significations, aux fromens prests à couper, aux hommes, aux Rois, aux Magistrats, aux Temples & aux Forteresses: L'Eclypse qui se fait dans l'Angle Occidental, qui marque la vieillesse, signifie les Coutumes, les Instituts, les Loix, & la Police : Et si le lieu d'un des Seigneurs de l'Eclypse convient avec celuy de l'Eclypse même, il faut prendre le plus fort de tous deux, & pronostiquer des choses cy-dessus, selon sa qualité : mais si leurs lieux ne conviennent point ensemble, il faudra moderer son jugement, & autre égard aux Maisons de l'Eclypse, & de son Seigneur, qui change les effets, comme l'on juge des gens mariez par la septiéme ; par la huitiéme, du genre de mort, des peines & des tresors cachez ; par la neufiéme, des voyages & des Religions, & ainsi des autres, prononcer du bien ou du mal, selon leurs significations, & selon le pouvoir des bonnes ou des méchantes Planettes qui dominent. Suposé que l'Eclypse se fist dans l'Occident, & que Jupiter & Venus en fussent les Seigneurs, elle marqueroit pour lors à la vieillesse une plaine santé, conformément à son âge, qu'elle seroit heureuse à reformer les Statuts & les Loix ; & si quelques-uns que l'Eclypse signifie, venoient à mourir, leurs morts seroient douces & naturelles, parce que Jupiter & Venus signifient la douceur.

De la

De la durée des Eclypses, & de celle de leurs effets.

CHAPITRE V.

Que la durée des Eclypses mesure le tems de leurs effets.

Article premier.

SI le Soleil est éclypsé pour une heure, ses effets durent un an entier, parce que cét Astre n'acheve sa course que dans un an ; & ceux d'une Eclypse de Lune durent un mois, pendant lequel elle acheve son Cercle ; & ainsi à proportion de leur durée l'on connoît celle de leurs effets, attribuant au Soleil une année pour chaque heure, & à la Lune un mois, dont les significateurs les plus verticaux agissent puissamment en ce tems sur les lieux qu'ils dominent, tant au regard des hommes en particulier, qu'au regard des Provinces & des Royaumes, comme nous avons dit dans les Horoscopes, desquels il faut que le lieu de l'Eclypse soit convenable, ou bien le lieu des Luminaires, ou du milieu du Ciel, dans le tems de leurs naissances, afin que leurs effets s'y communiquent.

Qu'il faut comparer les figures des hommes, ou des Etats, avec celles des Eclypses.

Article II.

Il faut observer dans la figure d'un homme en particulier si les lieux principaux des Luminaires, & les poincts Cardinaux, sont semblables, ou s'ils ont quelque sympathie ou quelque antipathie avec les lieux de la figure de l'Eclypse ; ou par Conjonction, Sextil, Quarré, Trine ou Opposition ; car selon la disproportion ou le raport que ces deux figures auront ensemble, les Eclypses produiront leurs effets bons ou mauvais, sur les lieux ou sur les hommes, dont leurs figures auront quelques convenances avec celles des Eclypses, & non pas sur ceux qui n'en auront point : Et si les Eclypses sont de peu de durée, elles ne feront pas tant de bien ou de mal que si elles duroient long-tems.

Des diverses couleurs des Eclypses, & de la difference de leurs effets.

Article III.

Les diverses couleurs des Eclypses indiquent la difference de leurs effets :

Celles qui ſont noires & livides, dénotent des productions conformes à la nature de Saturne, qui eſt ſi froid, que ne pouvant être vaincu par la chaleur des autres Planettes, il refroidit tout le Monde. L'Eclypſe de Soleil refroidit davantage que celle de la Lune, parce qu'elle ſert de digue à ſes rayons par ſa Conjonction, laquelle ſe faiſant dans des Signes Terreſtres, dénote la ſterilité, tout de même que les Cometes, à cauſe de leurs ſécheresses: Dans des Signes d'Eau, elles ſignifient la pluye en abondance, la ſterilité & la peſte: Dans des Signes d'Air, elle préſage des vents, des ſeditions, & quelquefois la peſte: Dans ceux de Feu, elle dénonce la guerre, l'incendie, & une grande chaleur.

Saturne, Seigneur des Eclypſes.

Article IV.

Si Saturne eſt ſeul Seigneur de l'Eclypſe, elle fera de grandes corruptions, principalement aux hommes, auſquels elle cauſera des maladies longues, avec des fluxions & des catharres: elle troublera les humeurs, & ſignifira la phtiſie & la fiévre quarte: elle cauſera la diſete, la pauvreté & les deüils; la mort aux vieillards, & la perte des animaux, dont les hommes ſe ſervent, avec des maladies à ceux qui reſtent, capables de donner la peſte aux autres, qui ſont utiles pour la vie: elle fait un froid horrible, plein de glaces & de nuës; quantité de neiges, tempeſtes en l'air, & dans la Mer: elle rend la navigation difficile, cauſe des naufrages, fait mourir les poiſſons, corrompt les eaux des rivieres, produit les inondations & les débordemens: elle ſignifie quantité de chenilles, des ſauterelles qui mangent les fruits, & des grêles qui détruiſent ce qui eſt neceſſaire à la vie humaine.

Jupiter, Seigneur des Eclypſes.

Article V.

Mais ſi Jupiter en étoit l'unique Seigneur, elle donneroit abondance de toutes choſes, & feroit le contraire de Saturne: car s'il eſt dans des Signes humains, elle donne la paix, l'amitié, la tranquilité, & la gloire, l'abondance dans les familles, la ſanté du corps & de l'eſprit. Elle orne les Rois & les Princes de dons extraordinaires, de gloire, de magnificence, de ſplendeur, & de magnanimité: Elle ſignifie l'abondance des animaux neceſſaires à la vie, & la mort de ceux qui n'y ſervent de rien: Elle donne à l'Air un temperament ſalutaire par des vents humides & propres à nourrir & multiplier ce qui ſort de la terre: Elle fait dans l'Eau les navigations heureuſes, augmente mediocrement les rivieres: Elle ſignifie ſur la Terre l'abondance des fruits, & d'autres choſes utiles à la vie de l'homme; la rüine des inſectes & des animaux feroces, comme des Lions, des Loups, des Crapaux, des Serpens & des Scorpions; parce que le Soleil ou la Lune étant en défaillance, la Planette qui domine prend leurs places; en sorte, que si elle est malefique, elle cause du mal; & au contraire, si elle est benefique. C'est pourquoy il ne faut pas s'étonner si Jupiter, qui est la fortune majeure, fait que l'Eclypse cause tant de bien, lors qu'il est subrogé au Luminaire défaillant.

Mars, Seigneur des Eclypses.

Article VI.

Si Mars étoit le Seigneur de l'Eclypse, il y auroit une grande corruption à cause de la chaleur, avec des guerres & des seditions intestines, des Villes ruïnées, des peuples en dissention, des Princes en querelles, des morts impreveuës, des maladies bilieuses & aiguës, des fiévres tierces, du sang répandu avec mort aux jeunes gens, & avec violence, injure, incendie, homicide, rapine & larcin : il y auroit en l'Air des vents chauds, secs & pestilens, avec de grands tourbillons qui causeroient des naufrages prompts & soudains; les foudres & les tonnerres seroient fort frequens; les rivieres tariroient; les étangs seroient corrompus, & tout ce qui sert à la vie de l'homme seroit perdu, à cause de la grande sécheresse.

Venus, Dame de l'Eclypse.

Article VII.

Si Venus en étoit la seule Maîtresse, elle promettroit les mêmes choses que Jupiter : Elle donneroit à l'homme la beauté, l'honneur, la gloire, la joye, la fortune, la fécondité, & les richesses en son mariage; elle le rendroit agreable dans les conversations, fort honnête & fort propre à la vie civile; elle luy imprimeroit le respect pour la Religion, & le rendroit familier avec les Princes : Elle produiroit en l'Air des vents humides & des constitutions fécondes; elle feroit une saison fort agreable, avec serenité, & avec des pluyes bonnes & profitables au bien de la Terre; elle fortuneroit les voyageurs dans la Mer, donneroit en abondance tout ce qui sert à la vie humaine, & grossiroit moderément les fleuves & les rivieres.

Mercure, Seigneur des Eclypses.

Article VIII.

Si Mercure disposoit de l'Eclypse, elle produiroit des effets semblables à ceux des autres Astres ausquels il seroit conjoint, ou avec lesquels il auroit quelque application; parce qu'étant d'une nature inconstante, il prend la qualité de ceux qu'il rencontre; mais eu égard à luy-même, s'il dispose de l'Eclypse, elle fera les hommes aigus, industrieux, usurpateurs, larrons, pyrates, & la respiration difficile; & si Mercure est alors mal configuré avec quelque méchante Planette, l'Eclypse causera des maladies séches, avec des fiévres continuës, la phtisie, la toux, l'asthme, le changement dans la Religion, dans les loix, & dans les instituts: Elle produiroit en l'air une tres-grande sécheresse, avec des vents furieux, inconstans, & contraires; dans le même jour, les éclairs, les foudres, & les tonnerres, avec des tremblemens de Terre, & du mal aux animaux & aux plantes necessaires à la vie: s'il étoit Occidental, elle diminuroit les rivieres; mais au contraire, elle les grossiroit s'il étoit Oriental.

Des differentes qualitez de l'Air durant l'année, & durant les quatre Saisons.

CHAPITRE VI.

Du temperament de l'Air en general.

Article premier.

L'Air ne conservant pas son temperament naturel, cause une infinité de maladies. C'est pourquoy il est juste de le connoître jusqu'à la derniere difference, par le moyen de la figure dressée au poinct que le Soleil entre dans les Equinoxes, ou dans les Solstices; dans laquelle l'on doit considerer les rencontres que ce bel Astre fait avec la Lune, les Angles du milieu du Ciel & de l'Ascendant, avec la qualité de l'Astre qui domine les lieux de ces rencontres qui se font, ou par Conjonction, Sextil, Trine, ou Opposition: il faut encor avoir égard aux Etoilles fixes qui s'y rencontrent, & l'on doit juger suivant leurs temperamens, de la bonne ou de la mauvaise constitution des Saisons, jusqu'au dernier degré selon la Terre, ou la foiblesse de la Planete qui domine dans la Figure.

Methode seure pour connoistre les qualitez de l'Air.

Article II.

Cette façon de juger des temperamens des Airs, est plus seure que celle qui procede par les effets, dont elle n'a connoissance que lors qu'ils sont arrivez

rivez ; au contraire, l'Astrologie, qui les connoit long-tems auparavant, Hypocrate & Galien, nous assurent en plusieurs endroits, que la sécheresse excessive cause les fiévres aiguës, la phtisie, l'ophtalme, les douleurs de tête, & autres maladies : que la pluye produit les fiévres pourries & continuës, les flux de ventre, les catarres, les angines, & les apoplexies : que les vents Septentrionaux sont meilleurs que ceux du Midy, parce qu'ils fortifient le corps, auquel neanmoins ils ne laissent point de causer des catarres & des fluxions, en resserrant le cerveau ; & que les Meridionaux causent des vertiges & des pesanteurs de tête en l'humectant, la difficulté de veuë & d'oüie, avec la lassitude & la langueur des membres. Mais ils n'ont fait ces pronostics qu'apres une longue observation, qui se trouve neanmoins trompeuse ; parce qu'elle ne procede que par des effets particuliers.

Du Printems.

Article III.

Mais l'Astrologie ne se trompe point ; parce qu'elle procede de la cause generale & particuliere des effets ; & qu'elle nous asseure, que si Mars se trouve joint au Soleil faisant son entrée dans le Belier, pour commencer le Printems qui doit être chaud & humide, qu'il le rendra contraire à son naturel, & qu'il le fera chaud & sec pour causer des tempêtes en l'air ; des maladies mortelles aux vieillards ; des fausses couches aux femmes grosses, & des dissenteries aux bilieux. Mais si le Soleil entroit dans le même Signe du Belier avec quelqu'autre Planette, qui rendît le Printems plus humide qu'il ne doit être, il causeroit des apostumes, des petites veroles, des frenesies, & des fiévres difficiles à guerir : S'il y entroit avec Saturne, qui le rendît froid & pluvieux, il augmenteroit les pourritures, jusqu'à causer la peste.

De l'Eté.

Article IV.

Si le Soleil se trouve dans le Cancer pour y commencer l'Eté, qui doit être chaud & sec, avec quelque Planette ou quelque Etoille fixe, qui augmente la sécheresse au delà de sa constitution naturelle, il causera de petites veroles & des fiévres en abondance, avec grande douleur de tête : & s'il y étoit avec quelqu'autre Planette qui le rendît humide & chaud, il produiroit de grandes maladies, des fiévres aiguës & pourries, des dissenteries, & de grandes sueurs : S'il y étoit avec Saturne qui le rendît froid, il seroit salutaire aux bilieux, principalement s'il est avec un peu de pluye ; & s'il est serain avec des vents Septentrionaux, il sert aux pituiteux.

De l'Automne.

Article v.

Mais si le Soleil va courir les Balances pour y faire l'Automne, qui doit être chaude & humide, & qu'il s'y rencontre avec Mars, elle sera nuisible aux bilieux, & aux thabides; elle leur causera des fiévres continuës, & des oppressions de poitrine, avec abondance de mélancolie; parce que Mars la rend plus séche qu'elle ne devroit être d'elle-mesme; elle ne laissera pas neanmoins d'être utile aux phlematiques & aux femmes. Si le Soleil est avec la Lune dans ces Balances, l'Automne sera trop humide depuis le commencement jusqu'à la fin; c'est pourquoy le cerveau se remplira de tant d'excrémens, qu'étant à la fin obligé de s'en delivrer sur les instrumens de la voix, il causera au commencement de l'Hyver, des rhumes, des fluxions, des catharres & des douleurs de tête en abondance.

De l'Hyver.

Article vi.

Enfin si le Soleil va occuper le Capricorne pour y commencer l'Hyver, qui doit être froid & sec, & qu'il y soit accompagné de quelque Planette qui augmente ou diminuë sa constitution naturelle, & qui luy en influë même une contraire, il causera des maladies conformément à l'éloignement de sa constitution naturelle.

Régles particulieres pour connoistre le temperament des Saisons.

Article vii.

Or si l'on veut avoir des régles plus précises pour connoître tous ces changemens jusqu'à la derniere difference, l'on doit examiner dans la figure Celeste les Signes que le Soleil occupe pour faire les quatre Saisons de l'Année; les poincts Cardinaux; les Pleines & Nouvelles Lunes, avec leurs Quartiers; le passage des Planetes, leurs Aspects & leurs Domiciles, afin de juger de ce qui doit arriver; car si les bonnes Planettes sont dans l'Ascendant, ou qu'elles le regardent favorablement, la Lune n'étant point blessée des malefiques, & les Seigneurs des Lunaisons & de leurs Quartiers étans bons, ou heureusement regardez de quelque fortune, il n'y aura point de maladie pendant ce tems.

De l'aplication des Seigneurs des Saisons avec les Maisons.

Article VIII.

Mais si le Ciel est autrement disposé, & que les méchantes Planettes ayent le dessus, il arrivera beaucoup de maladies, signifiée par la Planette qui prédomine, laquelle ayant encore quelque application avec le Seigneur de la huitiéme Maison, les rendra mortelles : & s'il a quelque commerce avec le Seigneur de la sixiéme, il les fera longues & tres-fâcheuses ; & ainsi des autres Maisons selon leurs significations. Si l'on en veut encore avoir une connoissance plus particuliere, il faut examiner en detail les proprietez de chaque Planette, & commencer par Saturne, comme le plus éloigné.

Saturne, Seigneur de l'Année.

Article IX.

Saturne étant Seigneur de l'Année, cause un tres-grand froid dans les Païs Septentrionaux, & beaucoup de chaleur dans les Meridionaux ; parce que les rayons du Soleil y deviennent plus fervens. Si la froideur naturelle n'est point temperée par la chaleur de quelque Planette qui la puisse diminuer, comme celle de Mars, ou par Conjonction, Sextil, Quarré, Trine, ou Opposition, elle tuë quantité d'animaux, & empêche la Terre de produire, principalement si Saturne est dans l'Ascendant. S'il est dans un Signe froid, il cause de grandes corruptions : S'il est dans un Signe de Feu, il influë la peste, qui n'arrive que lors que la vertu du Soleil est affligée dans l'Air ; & celle de la Lune dans l'Eau ; parce que celuy-là conserve l'Air, & celle-cy la Terre. De sorte, que si Saturne est dans le Lion, qui est le Domicile du Soleil, qui preside au cœur, étant d'un temperament contraire au sien, il cause la peste. S'il y est avec Mercure ou avec Venus, il augmente ses effets par antiperistase ; parce que Venus luy est contraire : S'il est dans des Signes d'Air, avec des Etoilles Saturniennes, il fait les mêmes operations ; mais avec moins de violence.

De Saturne dans chaque Maison.

Article X.

Si Saturne est heureux dans la premiere Maison, & favorablement regardé de son Seigneur, il signifie le repos & la santé des hommes, avec les presens des grands Seigneurs. S'il y est affligé, il dénote le contraire. S'il est heureux dans la seconde & heureusement regardé de son Seigneur, il marque un bon état, avec profit, dans les familles : il promet la santé & la fortune aux Ministres ; & s'il y est infortuné, il dissipe les biens de la maison. S'il est fortuné dans la troisiéme, il signifie la joye & l'amitié des hommes; s'il y est malheureux, il infortune les voyageurs, & promet de la haine & de l'inimitié. S'il est puissant dans la quatriéme, il avance les édifices & l'agriculture, & fait qu'on en a grand soin : mais s'il y est foible, il en marque la ruine, & empesche l'agriculture par ennemis, & à cause des eaux. Dans la cinquiéme, il donne de la joye à cause des enfans, & de l'utilité aux Principaux des Villes, s'il y est heureux ; mais il promet le contraire s'il y est malheureux. Dans la sixiéme principalement s'il y est dans un Signe humain, il cause des maladies mélancoliques, l'épilepsie, le mal caduc, la lépre & la folie : S'il y est dans un Signe d'animal, il cause les mêmes effets aux animaux, signifiez par un tel Signe. S'il se trouve dans la septiéme, & dans un Signe de forme humaine, il fait marier les adultes & les vieillards ; & s'il y est dans un autre Signe, l'on se plaira aux choses que le Signe signifie. S'il est dans le huitiéme, & dans un Signe humain, il signifie la mort des hommes & des autres choses sujettes au Signe qu'il occupe. S'il est dans la neufiéme, & dans un Signe mobile, il dénote de longs voyages ; & s'il y est dans un Signe fixe, il dénonce exercice de Religion, de paix, & de justice ; s'il s'y rencontre infortuné, il signifie quelque malheur dans les voyages & dans la navigation. S'il est heureux dans la dixiéme, il marque du bonheur aux Rois, aux Princes, aux Magistrats ; mais y étant malheureux, & élevé au dessus des autres Planettes, il infortunera toute la Terre à cause d'une froideur excessive : les Rois changeront de demeure, & feront beaucoup de mal à leurs Sujets, en exigeant de nouveaux tributs. Heureux dans l'onziéme, il accomplit l'esperance & le desir des hommes, il rend riche par voyages & par liberalité ; malheureux, fait le contraire. Fort dans la douziéme, promet le repos & l'amitié des hommes ; foible, promet leurs haines, & leur cause des procez, du dommage, & de l'infortune.

Des significations de Jupiter, quand il est Seigneur de l'Année, & dans chaque Maison de la Figure.

Article XI.

Si Jupiter est le seul Seigneur de l'Année, & qu'il soit joint au Soleil, il tempere l'Air ; il fait les petits vents Septentrionaux qui fortifient les animaux & les semences ; il modere la chaleur de l'Eté & la froideur de l'Hyver; il diminuë les maladies generales, fait cesser la peste, & rend l'Air fort salutaire. Si Jupiter se trouve fort dans la premiere Maison, & qu'il y soit heureusement regardé de son Seigneur, il signifie aux hommes, & particulierement aux Religieux, bonne fortune, joye & santé, qu'ils bâtiront des Eglises, & qu'ils s'addonneront à l'étude des loix & de la sagesse ; mais s'il y est y est foible, il rend pauvre & diminuë les biens ; en sorte que les homm s ne sçauroient rien faire qu'avec grande difficulté. Les Rois seront plus soigneux de leurss Personnes que de leurs peuples. S'il se trouve dans la seconde heureux & fortuné, il promet une belle vie avec de grands gains, qui arriveront lors qu'on s'y attendra le moins; mais il arrivera le contraire s'il y est infortuné par son Seigneur, & fera que les Rois s'étudîront à ramasser des tresors pour rendre leurs peuples miserables, en exigeant des droits qu'ils auront legitimement imposez. Etant dans la troisiéme, il rend les hommes sociables & aimables entr'eux, religieux envers les pauvres, liberaux, Astrologues, & rechercheur des sciences Devinatrices. S'il est heureux dans la quatriéme, il rend les champs fertiles & abondans ; s'il y est foible, il signifie le contraire, & donne de l'inclination aux Rois pour les sciences Devinatrices, & pour la guerre. Dans la cinquiéme, il rend les enfans fort heureux & fort sains ; il protege les femmes grosses en leurs accouchemens; il donne des mouvemens aux Rois pour augmenter leurs richesses & les édifices de leurs Villes. Heureux dans la sixiéme, & dans un Signe humain, il fortune les valets & les servantes ; s'il y est dans un Signe animal, il présage la même chose aux animaux, signifiez par le Signe où il est ; & s'il s'y trouve foible & malheureux, il marque des maladies causées par des vents & des apostumes. Heureux dans la septiéme, il dénote la bienveillance entre les maris & leurs femmes ; malheureux, il dénonce le contraire, avec dissimulations. Heureux dans la huitiéme, il resiste à la mort, & indique que ceux qui mourront seront honorablement enterrez ; malheureux, il avance la mort, & afflige les animaux signifiez par le Signe qu'il occupe ; il rend les Rois curieux de faire foüiller les fossez. Dans la neufiéme, il rend les voyages heureux, tant par Mer que par Terre ; il fait changer d'air aux Rois, & les incline à l'étude des sciences Devinatrices. Etant fort dans la dixiéme, il augmente les honneurs, la justice, & les profits aux Sujets des Rois, qui leur obeïront de bon cœur ; & s'il y est foible, il fera que les Rois, ny les peuples, ne feront pas leur devoir. S'il est puissant dans l'onziéme, il donne de la splendeur & de la gloire, les dons, & les biens imprévûs. Dans la douziéme, il signifie le profit à cause des procés, & promet la victoire sur les ennemis.

De Mars, Seigneur de l'Année, & de ses effets dans chaque Maison.

Article XII.

Si Mars est Seigneur de l'Année sans être regardé de Saturne, ou de quelqu'autre Planette, qui par son temperament puisse moderer sa chaleur, il adoucira la rigueur de l'Hyver, & augmentera la chaleur de l'Eté ; & d'autant mieux s'il est dans quelque signe chaud, & qu'il monte son Cercle, il fera pour lors que les animaux & les semences profiteront beaucoup dans les Païs Septentrionaux, & qu'il arrivera le contraire dans les Meridionaux, où il ne signifie que détruction des animaux & des semences, à cause de la sécheresse, qu'incendies, que touffeurs, que foudres, que grêles, & que guerres. S'il est dans son propre Signe, dans la revolution de l'Année, il pleurera beaucoup, s'il est dans celuy de Saturne, pere, & dans celuy des autres mediocrement : S'il est dans le Scorpion avec quelque Aspect de Venus, il fera quantité de pluyes, où il faut remarquer que Mars est d'une inconstante nature, tantost humide & tantost séche, attirant par son temperament chaud & sec les exhalaisons de la Terre, & les augmentant lors qu'il monte son Cercle ; mais lors qu'il en descend pour s'approcher de la Terre, il les diminuë & devient humide ; il cause des douleurs qui proviennent du sang & de la verole, ayant cela de commun avec Saturne, qui fait des maladies veneriennes, la sterilité, & les seditions. S'il est fort dans l'Ascendant, il signifie que les Habitans des Païs sujets au Signe où il est, seront heureux à la guerre durant cette année, & qu'ils en raporteront de grands butins : S'il est foible, il marque les dissentions & les debats, les effusions de sang, les grandes pertes & les grands dommages. Dans la seconde, il signifie quantité de voleurs, & de grandes miseres aux hommes, à cause des impositions. Dans la troisiéme, il redouble les inimitiez. Dans la quatriéme, il empoisonne de sa nature toutes les autres Planettes ; en sorte, que s'il y est dans des Signes de Feu, il cause les embrasemens des Villes ; dans ceux de forme humaine, abondance de sang à cause des guerres & des procez, principalement sur la fin de l'Année. Il cause dans la cinquiéme, des douleurs & de grands dommages aux femmes grosses. S'il est dans un Signe sec à la sixiéme, il produit des maladies chaudes & séches ; il en fait autant dans des Signes humides, & dans les Signes d'Air, il promet des maladies épidimiques qui proviennent du sang & des vents. Les bêtes suivent la même infortune, s'il y est dans des Signes animaux. Dans la septiéme, il signifie des dissentions, suivies de coups, avec quantité de larcins. Il marque dans la huitiéme, la mort de plusieurs personnes ; signifiées par la qualité de l'asterisme qu'il occupe. Dans la neufiéme, il rend les voyageurs malheureux, & les fait tuer par des voleurs : S'il y est dans un Signe d'Eau, il indique les naufrages & les pyrates. Dans la dixiéme, il signifie tyrannie, & dénote que les Rois dépoüilleront leurs Sujets. Dans l'onziéme, il cause des querelles par la moindre chose du monde, & une grande méfiance entre les hommes. Dans la douziéme, il signifie la crainte & le chagrin, les pertes de sang, & beaucoup de mal.

Du Soleil, Seigneur de l'Année, & de ce qu'il opere en chaque Domicile.

Article XIII.

Le Soleil change les Saisons selon les Conjonctions, ou selon les Aspects des autres Planettes chaudes, ou froides, ou séches, ou humides: Car étant avec ☽ sans Aspect de ♂, il augmente la froideur de l'Hyver, & diminuë la chaleur de l'Eté; & encore davantage quand il est dans des Signes froids, & que Mars soit dans des Signes chauds. De sorte, que si le Soleil se trouve heureux dans la premiere Maison, & Seigneur de la revolution annuelle, il marque la santé & fortune aux Rois, aux Princes, aux Magistrats, & aux autres Personnes constituées en dignité: s'il y est malheureux, il signifie le contraire, que quelques-uns seront dépoüillez de leurs dignitez. Il indique dans la deuxiéme, que les Princes souhaiteroient tellement d'amasser des richesses, qu'ils en dépoüilleront leurs Sujets. Dans la troisiéme, il marque l'amour & l'amitié des hommes, des loix, de la Justice, du jeu, & de la Religion. Dans la quatriéme, il dénonce la détruction des jardins de plaisance, & la chûte des Nobles constituez en dignité. Dans la cinquiéme, il blesse l'enfant dans le ventre de la mere, & menace de fausse couche. Dans la sixiéme, il signifie de grandes maladies, principalement aux yeux, & fait mourir les petits animaux. Dans la septiéme, il inspire aux Rois la vie solitaire. Dans la huitiéme, il signifie la mort de plusieurs Personnes dignifiées. Dans la neufiéme, il dénote une fortune stable; un état & un exercice tranquile des Loix & des Religions, & il promet de l'honneur aux Religieux, & aux Legislateurs. Dans la dixiéme, il donne de grandes dignitez aux Princes & à leurs Sujets, avec une grande renommée. Dans l'onziéme, il marque un état joyeux & florissant aux Peuples, aux Magistrats, & à leurs Souverains. Dans la douziéme, il separe les Peuples de l'obeïssance de leurs Superieurs.

De Venus, Dame de l'Année, & de ses significations en chaque Maison.

Article XIV.

Venus étant Maîtresse de l'Année, multiplie les humiditez du Printems & de l'Hyver, & la sécheresse de l'Eté & de l'Automne, principalement si elle est dans quelque Signe humide, libre des regards de quelque Planette séche: Et si étant ainsi Dame de l'Année, elle se trouve dans la premiere Maison, elle signifie force, joye, & santé. Dans la deuxiéme, abondance de fruits, liberté & fertilité dans la Ville. Dans la troisiéme, haines & debats. Dans la quatriéme, jalousie des maris envers leurs femmes, & fait la fin de l'Année plus heureuse que le commencement. Dans la cinquiéme, elle dénote la joye & la conversation avec les petites filles, & le bonheur des femmes grosses. L'Année sera plus abondante en filles qu'en garçons. Les hommes seront addonnez à l'amour, à la Musique, à la propreté, & à la raillerie. Dans la sixiéme, elle indique le gain au trafic des animaux, si elle est dans un Signe animal, & dénonce aux femmes des maladies, qui proviennent de la foiblesse d'estomach pour avoir trop bû & trop mangé. Si elle est heureuse dans la septiéme, les hommes se plairont à contracter mariage; mais si elle y est infortunée, les femmes se querelleront avec leurs maris. Infortunée dans la huitiéme, elle cause la mort à beaucoup de femmes. Dans la neufiéme, elle rend les voyageurs heureux, & les hommes plus addonnez à l'exercice de la pieté, de la Religion, de la Justice, & de la chasteté, qu'à la conversation des femmes. Dans la dixiéme, elle rend les Royaumes tranquilles & florissans, les Rois liberaux & affectionnez envers les femmes, les Comediens, les joüeurs d'instrumens, & les Musiciens. Dans l'onziême, elle excite les hommes à l'amour & à la dance. Dans la douziéme, les hommes haïront leurs femmes; ils les mépriseront, & leur ôteront toute sorte de gouvernement.

De Mercure, Seigneur de l'Année, & de ce qu'il opere dans chaque Maison.

Article xv.

Mercure étant Seigneur de l'Année, rend l'Air inconstant, corrompt les vents, particulierement s'il est dans des Signes humides & venteux. S'il est dans des Signes chauds & secs, il augmente la sécheresse, & fait des vents abominables. Dans la premiere Maison, il conserve les enfans, leur donne de la joye, & les rend propres à apprendre les Arts & les sciences. Heureux dans la deuxiéme, dénonce aux Marchands de grands gains, & de dignes recompenses à ceux qui travaillent; les Serviteurs & les Maîtres se seront reciproquement fideles; mais s'il y est malheureux, il signifie pauvreté. Dans la troisiéme, il excite les hommes à l'étude & à la dispute des Loix. Dans la quatriéme, il promet les prisons aux Scribes & aux Ministres, dont ils seront bien-tost delivrez; pourvû que Mercure ne soit point lent dans un Signe Mobile, ou qu'il ne soit point dans un Signe fixe, regardé de Mars; car s'il s'y trouvoit ainsi disposé, il les feroit appliquer à la question, & de là, conduire au gibet. Heureux dans la cinquiéme, il fait facilement accoucher les femmes des enfans spirituels & subtils; s'il y est infortuné, il cause les fausses couches, ou fait que les femmes ne peuvent accoucher. Dans la sixiéme, il menace les enfans de maladie, selon le temperament du Signe qu'il occupe. Dans la septiéme, il marque Sodomie & aversion pour les femmes. Dans la huitiéme, il donne la mort à plusieurs enfans. Dans la neufiéme, il fortune les longs voyages & les Arts, excite l'amour pour les sciences. Dans la dixiéme, il éleve avec profit les Ecrivains & les Sçavans, aux honneurs & aux dignitez publiques, si quelque fortune le regarde; mais s'il y est malheureux, il produit le contraire. Dans l'onziéme, il signifie amitié mutelle entre les hommes, utiles & commodes. Et dans la douziéme, il signifie les haines, les debats, & les contentions.

De la

De la Lune, Dame de l'Année, & de ses effets dans chaque Maison.

Article XVI.

La Lune par la Conjonction qu'elle a chaque Mois avec le Soleil, change aussi chaque Mois la nature de l'Air, de même que le Soleil chaque Quartier de l'Année. Elle est d'elle-même chaude & humide dans le premier Quartier ; dans le second, chaude & séche ; dans le troisiéme, froide & séche ; dans le quatriéme, froide & humide : Et si elle se trouve dans le thême de la revolution annuelle avec Venus & Mercure, dans des Signes humides, elle cause quantité de pluyes ; & opere la même chose, si elle les regarde dans l'Orient au commencement de l'Année ; mais elle fait le contraire si elle les regarde dans l'Occident. Et étant Maîtresse de l'Année dans la premiere Maison, elle signifie bonne santé aux hommes, & bonté aux choses qui servent à leur conservation ; & si elle y est foible, il arrive le contraire. Si elle est heureuse dans la deuxiéme, elle marque l'abondance ; si elle y est malheureuse, elle indique le contraire. Dans la troisiéme, elle indique conversation avec les amis & avec les parens, & joye dans les longs voyages. Etant infortunée dans la quatriéme, ne signifie que chagrin & que misere. Dans la cinquiéme, joye & fortune par les enfans. Dans la sixiéme, elle marque la devotion du peuple. Dans la septiéme, elle signifie fortune par les hommes. Dans la huitiéme, mortalitez. Dans la neufiéme, de longs voyages par Mer & par Terre. Dans la dixiéme, & dans l'onziéme, fortune aux Magistrats. Et dans la douziéme, querelles & discordes.

Comment il faut juger une revolution annuelle qui a plusieurs Seigneurs.

Article XVII.

L'on doit icy observer, que s'il y avoit plusieurs Seigneurs de la revolution de l'Année, qu'il faudroit prononcer selon leurs qualitez, & selon celles des Etoilles fixes qui les rencontrent : car le Soleil entrant dans les Equinoxes, ou dans les Solstices, est plus ou moins chaud, selon la nature des Etoilles qui sont dans le Signe qui court ; & ainsi des Planettes qui changent les constitutions des Saisons ; parce que Jupiter joint à Mars pendant le Printems, qui doit étre humide, le rend chaud & sec : il fait l'Eté tres-ardant : l'Automne de même que le Printems ; & l'Hyver mediocre & languissant.

Régles particulieres pour juger des Saisons.

Article XVIII.

Les trois Planettes Superieures étant en des Signes Septentrionaux, donnent de la chaleur pendant le Quartier qu'elles sont ainsi constituées ; & elles font le contraire, si elles sont dans des Signes Meridionaux.

Saturne dans son propre Domicile pendant le quartier d'Hyver, cause un tres-grand froid ; tempere la chaleur de l'Eté ; augmente la sécheresse au Printems, & produit le même effet en Automne, s'il y est joint avec Mercure. Les Planettes & les Etoilles d'un temperament contraire, ayant quelque application mutuelle, causent un temperament mediocre, comme par exemple, Mars étant joint à Saturne, tempere le froid de l'Hyver ; & joint à Mercure, regardant la Lune, ou le Seigneur de l'Ascendant dans la sixiéme ou dans la septiéme, il cause une grande sécheresse.

Si le Soleil entrant dans les Tropiques, regarde la Lune, située dans un Signe humide ; Venus étant aussi dans quelque Signe humide, cause quantité de pluyes : & si la Lune n'est point dans un Signe humide, & qu'il n'y ait que Venus, la Saison sera temperée & agreable.

Autres régles particulieres pour connoître le temperament des quatre Saisons.

CHAPITRE VII.

Du Printems.

Article premier.

SI Mars regarde les lieux de sa Conjonction, ou de l'Opposition des Luminaires qui ont precedé la revolution Annuelle, il cause des foudres, des éclairs, & des tonnerres au Printems. Les Planettes brûlées le remplissent de nuées. Venus retrograde, pendant que le Soleil court Aries ou le Taureau, rend le Printems pluvieux : Et si Saturne est le Maître de la Figure du Printems, il le rend froid, humide & venteux.

De l'Eté.

Article II.

Cinq Planettes directes dans la Figure d'Eté, le rendent fort agreable, quoyque chaud ; & si elles y sont retrogrades, le rendent aussi agreable ; mais un peu frais ; parce que les directes échauffent, & que les retrogrades rafraîchissent, selon nos principes. Si les Stationnaires sont chaudes, elles font une grande chaleur ; & si elles sont froides, elles operent le contraire. Les humides augmentent les pluyes ; les séches, la sécheresse ; & les Retrogrades font plus de froid que de chaud ; excepté Jupiter, opposé au Soleil. Les Planettes brûlées dans la quatriéme Maison, causent beaucoup de chaleur & de tonnerres. Le Soleil au Terme de Mars, augmente la chaleur en Hyver, & au Printems la sécheresse, & cause peu de pluyes. Saturne, Seigneur de la Figure d'Eté, le rend temperé en chaleur ; mais immoderément sec.

De l'Automne.

Article III.

Les Planettes brûlées dans la quatriéme, rendent l'Automne froide & humide ; & si toutes les Planettes sont Retrogrades ou Directes en Hyver, elles la rendront fort séche en toute sorte de Climat. Si le Soleil entrant dans le dix-huitiéme degré de Scorpion, Venus se trouve dans un Signe aquatique, l'Automne sera si pluvieuse, qu'on ne verra qu'inondations.

De l'Hyver.

Article IV.

Les Planettes brûlées dans la Figure d'Hyver, le remplissent de nuées, avec des vents Meridionaux : Venus Directe & Orientale, lors que le Soleil court le Capricorne, le Verseau & les Poissons, fait le commencement de l'Hyver un peu pluvieux, & beaucoup sur la fin, si quelque Etoille fixe ne l'empêche ; mais si elle est plus prés du Soleil, elle le rendra contraire ; comme lors qu'elle est Retrograde, qui cause beaucoup de pluyes au commencement, & sur la fin peu : étant aussi Retrograde lors que le Soleil est dans les Signes d'Hyver, elle le rend encore humide & pluvieux. Elle fait le même effet si le Soleil est dans les Signes du Printems, parce que Venus est au regard du Soleil, comme la femme au regard de son mary, & ne signifie que pluyes d'elle-même. Si au commencement ou à la fin de l'Hyver, Saturne se trouve Seigneur de la Lune & de la Figure, il fera un froid horrible, avec de grandes nuées & des neiges en abondance. Si le Soleil depuis le Capricorne jusqu'au Belier, se joint dans cette intervalle à une Planette Retrograde, il cause une grande sécheresse, & une grande humidité : s'il en rencontre deux, si trois, les pluyes seront si abondantes, qu'elles sembleront submerger la Terre ; si quatre, un deluge : & comme les Planettes superieures ne se joignent jamais avec le Soleil lors qu'elles sont Retrogrades ; il faut, par consequent, entendre ces régles par Aspect, & non pas par Conjonction.

Des qualitez de l'Air en chaque Mois de l'Année.

CHAPITRE VIII.

De la qualité du tems durant chaque Lunaison.

Article premier.

POur connoître la qualité de l'Air pendant une Lunaison, il faut observer le poinct & le moment que la Lune se joint ou s'oppose au Soleil, & en dresser la Figure pour y voir la disposition des Astres, & la force ou la foiblesse de celuy qui domine, lequel en cas douteux, est toujours celuy qui se trouve au lieu du Luminaire qui est sur la Terre, ou dans quelqu'un des Angles, principalement s'il suit la Lune, ou s'il la précede en Dignité ; parce que le Seigneur qui est plus prés des Angles, opere plus puissamment que les autres qui en sont eloignez.

Regles particulieres.

Article II.

L'on en doit aussi examiner le Seigneur & le Signe, avec celuy de la Lune, & leurs qualitez propres à mouvoir les tempêtes ou autres choses ; la situation de leurs Seigneurs ; leurs Aspects ; leurs Latitudes avec celle de la Lune ; parce qu'ils produisent leurs effets du côté d'elles : On y doit encor observer les Aspects mutuels des Planettes sans la Lune, le Seigneur de la Figure, & les Astres qui sont dans les Angles d'Orient, d'Occident, & du milieu du Ciel, avec la Conjonction des Etoiles fixes en chaque jour ; parce que les plus claires agissent lors qu'elles montent ou descendent l'Horison ; comme la Canicule qui cause la sécheresse en se levant, avec de grandes maladies ; au contraire de l'Arcture qui cause la pluye en se couchant : de sorte, que si ces Etoilles n'empêchoient les effects des Planettes, l'on n'auroit pas moins de pluyes dans un tems que dans un autre. C'est pourquoy il faut examiner les passages, avec les Planettes, & leurs qualitez tempêtueuses, ou autres ; comme les Hyades, Pleyades, & les Asnons ; & principalement avec la Lune, Venus, Mars, & Mercure.

Qu'il

Qu'il faut avoir égard aux Saisons pour prédire juste.

Article III.

L'on dit encore avoir égard au Quartier de l'An, pour pronostiquer chaque chose selon sa Saison; comme la grêle en Avril & en Octobre; la neige en Hyver, & les tonnerres en Eté: à l'Horison du lieu pour lequel on travaille: au Signe sous lequel il est situé; & aux tempêtes qui ont coûtume d'y régner: aux Eclypses: aux Cometes; & aux autres constitutions generales qui changent quelque fois les prédictions particulieres, lors que l'Air change par la diverse nature des Signes, ou par les differens regards des Planettes.

Qu'il faut avoir égard aux Signes.

Article IV.

Il faut aussi observer les divers temperamens des Signes, qui se prend de leurs Triplicitez: Celle du Feu, comme le Lion, le Belier, & le Sagitaire, signifie chaleur excessive en Eté; & en Hyver, peu de froid, lors qu'elle prédomine à quelque Eclypse, ou à quelqu'autre configuration, Conjonction, Opposition, Trine ou Quarré des Luminaires. Celle de Terre, comme le Taureau, la Vierge, & le Capricorne, marque un grand froid en Hyver, & peu de chaleur en Eté. Celle d'Eau, comme le Cancer, le Scorpion, & les Poissons, indique la pluye en Eté, & la chaleur moderée dans le Printems, & en Automne des grêles. Celle d'Air, comme les Gemeaux, les Balances, & le Verseau, présage le bon temperament de l'Air, principalement si Jupiter & Venus s'y trouvent; mais si Mercure s'y rencontre, elle cause les vents.

Qu'il faut avoir égard aux formes des Signes.

Article V.

Or aprés avoir examiné une Figure Lunaire, il est encore besoin de considerer les images des Signes, formées par la differente situation des Etoiles fixes, & leurs differentes qualitez: car la moitié des Poissons, d'Aries, & du Taureau, causent les vents; & le reste du Taureau, avec tous les Gemeaux, cause la douceur de l'Air, les petites pluyes, avec de petits vents, dont les Gemeaux sont la cause. L'Ecrevice & le Lion causent la chaleur extraordinaire, & les grêles: la Vierge diminuë la chaleur, & donne la pluye. Les Balances & le Scorpion, rendent l'Air inconstant: le Sagitaire donne la pluye & la neige : le Capricorne fait le froid: le Verſeau & le commencement des Poiſſons, groſſiſſent les rivieres.

Des parties du Belier.

Article VI.

Mais pour mieux pronoſtiquer, il faut ſçavoir que les premieres parties du Belier, qui ſont depuis le vingt-huitiéme degré dudit Signe, juſqu'au quatriéme degré du Taureau, font les vents & les pluyes, à cauſe des Etoiles de la nature de Mars, de Saturne, & de Mercure, qui s'y trouvent ; leſquelles neanmoins ne laiſſent pas de courir le Zodiaque, & changer avec le tems de ſituation, à quoy il faut prendre garde. Les ſeconds degrez depuis le quatriéme juſqu'au dixiéme du Taureau, ſont temperez, & donnent même quelque peu de chaleur & de ſécherеſſe, à cauſe des Etoiles Martiales qui ſont aux pieds de derriere, aux reins, & aux jarrets du Belier : les derniers degrez qui ſont depuis la dixiéme juſqu'au dix-ſeptiéme, ſont pleins de chaleur & de peſte, à cauſe des Etoiles de la nature de Saturne, de Mars, & de Mercure.

Des parties du Taureau.

Article VII.

Les premieres parties du Taureau, depuis le dix-ſeptiéme degré juſqu'au vingt-ſeptiéme, où ſont les Pleyades de la nature de Mars & de la Lune, ſont turbulentes, venteuſes, nebuleuſes ; moins neanmoins à preſent, qu'autrefois. Les moyennes du vingt-ſeptiéme, juſqu'au commencement des Gemeaux, ſont quelque peu humide, & d'une chaleur moderée, à cauſe des Etoilles de la nature de Saturne & de Jupiter: & les dernieres, depuis le commencement juſqu'au vingt-cinquiéme degré, où ſont les Hyades & les cornes du Taureau de la nature de Mars : Le Bouclier, le pied & l'épaule gauche d'Orion, de la nature de Saturne, de Jupiter, de Mars, & de Mercure, cauſent les éclairs, les tonnerres, & les foudres ; mais l'eſpace Septentrional eſt temperé ; parce que Perſée y eſt compoſé d'Etoiles Saturniennes & Joviales, & l'eſpace Meridional eſt incertain, à cauſe des Etoiles Martiales du Taureau qui y ſont avec d'autres de la nature de Mercure, de Saturne, de Mars, & de la Lune.

Des parties des Gemeaux.

Article VIII.

Les premieres parties des Gemeaux du vingt-cinquiéme degré juſqu'au ſixiéme degré de l'Ecrevice, ſont un peu humides & nuiſibles : Celles du milieu, contenant aux bras & aux genoux des Etoilles Saturniennes, juſqu'au quatorziéme degré de l'Ecrevice, ſont temperées, & un peu ſéches : & les dernieres depuis le quatorziéme juſqu'au vingt-quatriéme, ſont incertaines & mélangées, tendantes à la ſéchereſſe, à cauſe de quelques Etoiles de Saturne, de Mars, & de Mercure : la partie Boreale fait les vents, afflige la Terre, & la Meridionale, cauſe la chaleur & la ſécheresse.

Des Parties du Cancer.

Article IX.

Les premiers degrez de l'Ecrevice du vingt-quatriéme au premier du Lion, ayant à ſes pieds des Etoiles qui participent de Mars, de Mercure, & de la Lune, frapent la Terre, & rendent le tems noir & obſcur : ceux du milieu du premier au ſeptiéme, ſont chauds & ſecs, à cauſe des Etoiles de Mars & du Soleil, & les derniers du ſept au treiziéme, ſont ſecs & venteux.

Des parties du Lion.

Article X.

Les premieres parties du Lion du 13 au vingt-quatriéme degré, où ſont Regulus & d'autres Etoiles de la nature de Mars, de Saturne, de Venus, & de Jupiter, ſont étouffantes & peſtilentielles : celles du milieu, du vingt-quatre au quatriéme de la Vierge, ſont temperées, tendantes à l'humidité, à cauſe des Etoiles qui participent de Mars, de Saturne, de Jupiter, de Mercure, & de Venus : & les dernieres du quatre au dix-ſept, ſont temperées, un peu chaudes, & humides, à cauſe de la queuë du Lion qui eſt Saturnienne & Venerienne. La partie du Septentrion eſt inconſtante & fort chaude, à cauſe des Etoiles Martiales qui ſont voiſines de l'Ourſe Majeure, & celle du Midy eſt humide, à cauſe de l'Hydre, qui participe de Saturne & de Venus.

Des Parties de la Vierges.

Article XI.

Le commencement de la Vierge depuis le dix-ſeptiéme degré juſqu'à la fin, eſt un peu chaud & méchant, à cauſe des Etoiles Martiales : le milieu qui s'étend juſqu'au dix-huit des Balances, eſt temperé : & la fin, qui va juſqu'au dix-huitiéme degré du Scorpion, eſt humide. La partie Septentrionale eſt venteuſe, à cauſe des Etoiles Mercuriales : & la Meridionale eſt temperée, à cauſe des Etoiles de Saturne & de Jupiter.

Des parties des Balances.

Article XII.

La premiere partie des Balances, depuis le huitiéme du Scorpion jusqu'au quinziéme, est temperée; la seconde, depuis le quinze jusqu'au dix-neufiéme, est aussi temperée; & la derniere du dix-neuf au vingt-six, est humide: Le côté Boreál est venteux, & celuy du Midy, sec & venteux.

Des parties du Scorpion.

Article XIII.

Le commentement du Scorpion du vingt-six au six du Sagitaire, produit des neiges: le milieu du six au saize, est temperé; & la fin du saize au vingt-six, est turbulente. La partie Boreale est chaude, & l'Australe est humide.

Des parties du Sagitaire.

Article XIV.

Le commencement du Sagitaire du vingt-six au six du Capricorne, est froid & humide: le milieu du six au saize, est temperé, inclinant neanmoins au froid; & la fin du saize au vingt-huit, est chaude. Le côté du Septentrion est venteux, & celuy du Midy est humide & inconstant.

Des parties du Capricorne.

Article XV.

Les premiers degrez du Capricorne du vingt-huit au sept du Verseau, sont chauds & nuisibles, à cause des Etoiles de Venus & de Mars: les seconds du sept au quinze sont temperez; & les derniers du quinze au vingt & un sont pluvieux, humides & malfaisans, tant du côté du Midy, que du Scorpion.

Des parties du Verseau.

Article XVI.

Le commencement du Verseau du vingt & un jusqu'à la fin, est humide; & de la fin jusqu'au huitiéme degré des Poissons, est temperé, à cause des Etoiles de Saturne & de Jupiter; & l'extrémité du huit au quinze, est venteuteuse. Le côté du Septentrion est chaud, & celuy du Midy cause la neige.

Des parties des Poissons.

Article XVII.

Les Poissons sont froids depuis le quinziéme degré jusqu'à la fin; de la fin jusqu'au quinziéme degré du Belier, sont humides; & du quinze jusqu'au vingt-huit, ils obscurcissent l'Air: Le côté du Septentrion est venteux, & celuy du Midy est aquatique.

Des effets de Saturne.

Article XVIII.

Aprés avoir observé la nature des Signes, il faut encore observer celle des Planettes, & commencer par Saturne; lequel étant plus froid que sec, principalement s'il est Oriental, fait les nuës & la froideur de l'Air: Mais comme nous en avons déja parlé en general dans le Chapitre precedent, il se faut contenter de quelques Régles particulieres: De sorte que si Saturne est Seigneur de quelque Figure Lunaire, l'on jugera de la qualité de l'Air, conformément à la saison; parce qu'il produit des nuës épaisses & obscures dans un tems, & dans un autre des broüillards, le froid, la gelée, la grêle, & la neige; & s'il est en outre fortuné de quelque bonne Planette, comme de Jupiter, il promet, même en Hyver, un tems serain & un vent d'Orient. Si Jupiter est Seigneur de la Lunaison, la plus grande partie du Mois sera seraine, tiede, agreable, & salutaire à tous les animaux. Si Mars en est le Seigneur, il y aura grande chaleur & sécheresse, selon la Saison, & principalement s'il est dans les Gemeaux. Si le Soleil en est le Maître, l'Air sera mediocrement chaud & sec. Si Venus ou la Lune en sont les Dames, il sera humide; Venus toutesfois le rend plus agreable que la Lune: Et si Mercure en est le Seigneur, il sera inconstant & venteux.

Des Conjonctions de Saturne, & de ses effets.

Article XXIX.

Si Saturne est joint à Jupiter, il rend l'Air, durant quelques jours, ou serain ou pluvieux, ou venteux; & si les Luminaires les regardent étant joints dans des Signes de Feu, ils dénotent grande sécheresse; & dans des Signes humides, des inondations continuelles. Si Saturne est joint à Jupiter par Aspect dans des Signes humides, il fait des changemens en l'Air, des pluyes, avec des vents & des grêles durant quelques jours, avant & aprés, particuliérement en Eté, en Hyver, & au Printems, des neiges; & ils operent le même, tant par Aspect que par Conjonction. Saturne avec le Soleil, principalement dans des Signes d'Eau, fait l'Air pluvieux & froid durant quelques jours : Dans le Sagitaire & dans le Capricorne, grand froid. Saturne avec Venus opere selon la nature du Signe où il est : Car dans des Signes humides avec quelque application de la Lune, il fait l'Air froid & pluvieux. Saturne avec Mercure opere aussi selon la nature du Signe, dans les humides, les pluyes; & dans les secs, la sécheresse. Saturne avec la Lune, augmente le froid durant peu de jours, & souvent il cause la grêle.

Des effets de Jupiter.

Article xx.

Jupiter, joint avec les autres Planettes, dispose l'Air selon la nature du Signe qu'il court : avec Mars, dans des Signes humides, il cause les pluyes salutaires, les vents, les éclairs, les tonnerres, & les foudres. Dans des Signes de Feu, avec des Etoilles tempêtueuses, il produit la grêle, ou la neige dans le milieu de l'Hyver. Jupiter avec le Soleil, principalement dans des Signes d'Air, fait les vents serains & salutaires; dans des Signes humides, quantité de pluyes. Jupiter & Venus agissent selon leur force en general, & causent le beau-tems; mais dans des Signes d'Eau, causent les pluyes douces, principalement si la Lune leur envoye ses rayons : Jupiter avec Mercure augmente les vents, & la chaleur, trouble l'Air, & cause des pluyes en quelques endroits.

Des effets de Mars.

Article xxi.

Mars avec le Soleil, principalement dans des Signes doubles, cause grande chaleur, & grande obscurité en l'Air, avec de grandes maladies, particulierement au Printems, autrement il agit selon la qualité du Signe où il est, avec beaucoup de force & de vigueur : il fait les pluyes dans des Signes d'Eau, les foudres & les tonnerres; dans des Signes de Feu, la sécheresse. Et étant brûlé, il diminuë toûjours les pluyes avec le Soleil; il cause la grêle : avec Venus, quantité de pluyes, principalement s'ils sont dans des Signes humides : il agit avec Mercure conformément au Signe où il se trouve : dans les chauds, la chaleur : dans les secs, la sécheresse : dans les aquatiques, les pluyes, avec des vents impetueux en Automne : des grêles en Hyver; & des neiges au Printems.

Des effets du Soleil.

Article XXII.

Le Soleil avec Venus fait le tems humide; & Venus étant retrograde, lors que le Soleil marche dans le Capricorne ou dans le Verseau, ou dans le Poissons, fait l'Hyver pluvieux; & si le Soleil est dans le Belier ou dans le Taureau, elle fait le Printems de même. Le Soleil agit selon la qualité du Signe où il est; & s'il applique à Mercure, il agit aussi en general selon la qualité du Signe: dans des Signes d'Air, il cause des vents, & dans des humides il fait les pluyes.

Des effets de Venus.

Article XXIII.

Venus avec Mercure, encore qu'elle opere en general conformément au Signe qu'elle court, elle fait en particulier les pluyes, lors qu'elle passe d'un Signe à l'autre: si elle est Stationnaire, Directe, ou Retrograde, elle signifie des vents tempêtueux, des pluyes, & des nuës. Elle en fait encore autant lors qu'elle est opposée à la Lune dans un Signe d'Eau.

Des effets de la Lune.

Article XXIV.

La Lune étant le canal d'où nous viennent les vertus des autres Astres, il en faut observer les Aspects & les Applications, les Signes qu'elle court, les Etoiles qu'elle rencontre, les Latitudes, les Conjonctions, & les Opositions qui ont immediatement procedé ou suivy les entrées du Soleil dans les poincts Cardinaux, pour sçavoir la qualité du Quartier de l'Année, & de chaque Semaine, par les Quarrez, Trines, & Oppositions, avec le Soleil; & pour la connoître plus précisément, l'on doit observer, que Saturne étant Seigneur du lieu de la Lune, luy applique doublement sa vertu, & luy fait redoubler le froid lors qu'elle est Pleine; & la sécheresse lors qu'elle est vuide de lumiere.

De la Lune jointe à Saturne.

Article XXV.

La Lune, jointe à Saturne dans des tems secs, cause la gelée blanche. En des tems humides, elle fait les jours froids & sombres; & si se separant de Saturne elle va s'appliquer au Soleil, ou par Conjonction, ou autrement, elle cause un grand changement en l'Air, principalement si les Planettes Superieures luy appliquent leurs rayons. Si Jupiter en est le Seigneur, & qu'il luy applique sa vertu par Conjonction, Quarré, Trine, ou Opposition, il rend l'Air serain par des vents Septentrionaux, & opere bien souvent selon le Signe qu'il occupe; comme dans le Belier ou dans le Scorpion, il tapisse le Ciel de nuées blanches; & si Mars y applique, il fait les éclairs & les tonnerres; si la Lune se separant de Jupiter s'en va immediatement vers Mercure, elle cause des vents furieux.

De Mars & de la Lune.

Article XXVI.

Si Mars est avec la Lune, il opere selon la nature des Etoiles ou des Signes qu'il court: dans ceux de Feu, il fait les nuës rouges, les vents tumultueux, les éclairs, les tonnerres, les foudres, conformément aux Saisons. Dans les Signes de Terre, en Hyver, il rend l'Air nubileux, froid, & pluvieux: Dans ceux d'Eau, il fait les vents Occidentaux, qui échauffent l'Air, & diminuënt le froid. Si la Lune se separant de Mars, rencontre Venus, elle fait de grandes pluyes, conformément à la nature de Venus, & principalement si les Astres pluvieux y apportent quelque témoignage.

Des Aspects de la Lune & du Soleil.

Article XXVII.

La configuration de la Lune avec le Soleil signifie tantost serenité, tantost vent, tantost pluye, & tantost tranquilité, selon le temperament des Signes qu'ils occupent: & si la Lune se separant du Soleil s'en va immediatement vers Saturne, elle ouvre les portes du Ciel, & opere le même effet lors qu'elle est ascendante, & que de l'Opposition d'une Planette elle passe dans une autre; & si elle est dans les nœuds avec quelque Etoile pluvieuse, ou en Aspect avec Saturne, elle fait des pluyes continuelles.

De la Lune & de Mercure.

Article XXVIII.

Mercure agit selon la nature des Signes; & lors qu'il est associé avec la Lune en des Signes humides, il cause la pluye; si la Lune se separant de Jupiter, rencontre Mercure, elle cause les vents, principalement si Saturne & Mars y appliquent par Quarré ou Opposition.

Du quatriéme Iour de la Lune dépend le reste du Mois.

Article xxix.

Le quatriéme Jour de la Nouvelle Lune montre le plus souvent la qualité de l'Air durant tout le reste du Mois; parce qu'elle commence alors de paroître sur la Terre; & si elle est avec Venus dans des Signes humides, elle cause les pluyes, les éclairs, les foudres, & les tonnerres; & ainsi du reste.

Régles generales pour l'Agriculture.

CHAPITRE IX.

LEs Plantes, bleds & herbes, & tout ce que la nature produit en Terre, prennent croissance & décroissance, selon le mouvement de la Lune: ce qui est si connu aux Laboureurs & Jardiniers, qu'il n'est pas besoin de démonstration: Ainsi selon le cours du Soleil, les mêmes choses naissent, croissent, vieillissent, & meurent. C'est pourquoy le Laboureur doit soigneusement s'appliquer au tems qu'il faut fumer la terre, & l'ensemencer, planter, enter, & greffer les arbres, planter la Vigne & autres choses qui regardent l'Agriculture, afin d'en retirer un plus grand profit, & que sa peine ne soit infructueuse. Or entr'autres, Saturne est bien à remarquer, puis qu'il domine à l'Agriculture, à la Terre, & aux Semailles d'icelle, duquel Planette nous devons choisir la meilleure constitution dans les operations necessaires; à sçavoir qu'il regarde favorablement Jupiter ou Venus, qu'il soit bien disposé ny Retrograde, ny sauvage ny brûlé s'il y a moyen; mais plûtost dans quelqu'une de ses Dignitez, ou dans un bon Aspect avec la Lune, éloigné des rayons de Mars, qui le rendroient debile, brûlé, & impuissant.

Il faut semer la Lune étant dans l'un des Signes mobiles, Aries, Cancer, Libra, & Capricornus, ou dans Taurus, Virgo, Sagitarius, & Pisces, dans un Aspect favorable de Saturne, comme de Trine ou Sextil: & si la terre est humide, ou la semence, il faut que ce soit dans le decours, la Lune étant en Virgo, Capricornus, ou Aries: Mais si la terre est aride ou bien la semence, il faut semer en Croissant, en Cancer ou Aquarius, aidée d'un bon Aspect du susdit Saturne, configuré avec Jupiter ou Venus. Et si la terre n'est aride ny humide, il la faut semer la Lune étant en Libra, deux ou trois jours devant ou aprés la Pleine Lune.

On doit planter la Lune étant en vigueur, conjointe avec Saturne, où le regardant d'un Trine ou Sextil Aspect, éloignée tant du corps que des rayons de Mars, dans les Signes fixes, Taurus, Leo, Scorpius & Aquarius, en bon Aspect avec Jupiter ou Venus, ou que l'Ascendant soit un Signe fixe, ou bien quand la Lune est dans l'un des Signes Terrestres, Taurus, Virgo & Capricornus, en bon Aspect avec Saturne, & en decours.

La culture des Jardins se doit faire la Lune étant en Libra en bon Aspect avec Saturne, & plûtost au decours qu'en Croissant, ainsi que le labeur des champs.

Au regard du bois à bâtir, il le faut abbatre & scier en decours, depuis le vingt-deux Novembre jusques au vingt-deux Janvier, & que la Lune soit dans un Signe Terrestre, Taurus, Virgo & Capricornus.

Il faut cueillir les fruits pour se bien garder, la Lune en decours, & regardant Jupiter ou Venus d'un bon Aspect.

Couper les Taillis, tondre les Brebis, & faire les cheveux en Croissant.

Châtrer les animaux au decours, & se prendre garde que la Lune ne soit pas au Scorpius, parce qu'il gouverne les genitoires, ny aux jours Caniculaires, parce que l'animal en pourroit mourir.

Preceptes pour la Navigation.

CHAPITRE X.

L'On doit auparavant que de se mettre en Mer, remarquer & contempler soigneusement les changemens du tems dans les Lunes prochaines ; car par icelles on pourra conjecturer les tempêtes, pluyes ou beau-tems ; puis entrant dans le Navire, à la façon des Chrêtiens, adresser ses prieres à Dieu pour le bon succez du voyage ; & c'est le souverain precepte. Toutesfois de plusieurs remarques que les Anciens ont faites & experimentées, je feray mention de quelques-unes qui ne seront pas inutiles, par lesquelles on doit considerer les Aspects & constitution de la Lune.

Il faut donc commencer le voyage dans l'Ascendant d'un Signe d'Eau, excepté le Scorpion, ou bien la Lune y étant avec Jupiter ou Venus, ou en leurs Aspects Trine ou Sextil: Pour Saturne & Mars, soit qu'ils soient forts ou foibles il n'importe, pourveu qu'ils ne regardent point la Lune ny l'Ascendant.

Quand le Soleil est dans l'Ascendant ou avec la Lune, en Conjonction, Opposition, ou Quart Aspects, ils sont nuisibles & mal faisans; semblablement quand ils se levent ou se couchent avec quelque Etoile violente & tempestueuse, comme sont les Pleyades, Hyades, Orion, Arcturus, Anthares, Aldebaran, le Dauphin, Hercules, le Navire, le grand & le petit Chien, le Bouc & la Chevrette.

Les nuisibles ne doivent point dominer aux lieux de l'Ascendant & de la Lune, si Jupiter ne les regarde favorablement.

En voyageant il ne faut point que la Lune soit à l'entrée de la Tête ny de la Queuë du Dragon, mais dans les Dignitez des benefiques, avec quelque bon Aspect d'iceux, & sur la Terre; mais si elle est sous la Terre, il faut qu'elle soit dans la trois ou cinquiéme Maison, ny conjointe corporellement ou par Aspect, avec quelque Planette Retrograde, peregrine, ny brûlée: Les autres remarques ne sont que superstitions d'Arabes que j'obmets exprez.

Régles generales pour la Medecine, & les Horoscopes.

CHAPITRE XI.

IL est certain & indubité, que pour bien exercer la Medecine, il est absolument necessaire de connoître le temperament & la complexion du Patient, afin de mieux connoitre & juger de la maladie; ce que l'on ne peut bien faire sans sçavoir le jour & l'heure précise de sa nativité: ce qu'étant connu, l'on doit tirer une Figure Celeste, ainsi qu'il a été enseigné en la premiere Partie de ce Livre, Chap. XIII. & observer quelle Planette sera Maîtresse de l'Ascendant, & s'il y en a plusieurs, ne les negliger pas, & aprés suivre les Régles suivantes.

Si SATURNE est seul dispositeur ou Maître de l'Ascendant, il fait les timides, les negligens, & les pauvres, principalement s'il y est joint à la Lune; où il oblige même les Rois à demander l'aumône, ainsi qu'on peut voir dans l'Histoire d'Allemagne, de Carolus Crassus, & dans celles des autres Royaumes: Mais s'il y étoit joint avec Jupiter, il feroit les hommes graves, & moderez, familiers, doux, aimables, honnêtes, sages & équitables, qui n'entreprennent rien temerairement. Il feroit avec Mars, ceux qui entreprennent beaucoup, & qui n'achevent jamais rien, turbulens, seditieux, vanteurs, audacieux & timides tout ensemble: Avec Venus il les rendroit ennemis des femmes à force de jalousie, mal propres, superstitieux & soupçonneux: Avec Mercure il les feroit curieux de toutes choses; & ainsi des autres, selon les divers mélanges des autres Planettes, ausquelles il est joint ou coadjuteur.

Ainsi Saturne est de qualité froide & séche, Terrestre & mélancolique, il gouverne l'oreille droite, la rate, l'urine, & les mandibules. Entre les Maladies, il engendre la fiévre quarte, les maladies froides & séches, la lepre, la morphée, le cancer, la colere noire, les catharres, les passions illiaques, le tenaïme, la paralisie, le flux de ventre, l'hydropisie, la toux, & les longues maladies, comme les goutes, la roigne, l'étique, la fiévre etique, le spâme ou convulsion, le tremblement du cœur, la surdité, la crainte, la paresse, l'alienation, la tristesse, & les soins.

JUPITER est un Astre benin, qui donne à la personne la peau blanche, la barbe longue, chauve au dessus du front, les cheveux blonds, tirant sur la couleur dorée ; il est sanguin, jovial, & plaisant, prompt à se courroucer, & facile à s'appaiser ; il est bon pour le conseil, & pour bien gouverner les affaires publiques : Il a de plus, d'autres bonnes & belles qualitez, s'il n'est contredit par quelque mauvais Planette.

Aussi est-il Ærien, sanguin, qui est de qualité chaude & humide, & de nature temperée.

Il preside au foye, à l'estomach, aux esprits vitaux, au bras gauche, au sang, aux poulmons, au ventre, à l'oreille gauche, aux arteres, au sperme, aux côtes, à la main droite, aux cartilages, & à la vertu digestive.

Ses Maladies sont la peripneumonie, la pleuresie, la squinancie, & tout apostume en general ; la passion cardiaque, l'inflammation du foye, la douleur de la tête, la léthargie, les ventositez du corps, la fiévre sinoque ; & toutes les maladies sanguines.

Quand MARS domine en l'Horoscope, c'est à dire qu'il est seul Maître de l'Ascendant sans aucun aide des benefiques, qui sont Jupiter & Venus, il fait l'homme bilieux & colere, de couleur rouge, rousseau ou basanné, le visage rond, les yeux de chat, le regard fier & cruel ; il est insolent, d'un naturel indomtable, inconstant, bavard & affronteur, prompt à expedier affaires ; il sera chauve au sommet de la tête, de taille mediocre ; mais s'il est aidé de la fortune, il sera Chef d'Armée ou le premier d'une Ville.

Mars chaud & sec avec excés, & colerique, a son pouvoir sur les veines, sur les reins, & sur le fiel : Ses Maladies sont, l'innondation du foye, la jaunisse, le calcul des reins, abondance de flux de sang aux playes, les rides ; la frenesie, & les fiévres ardantes, le dégoût, & la dissenterie ; il engendre la colere, la jalousie, le soupçon, la prodigalité, l'yvrongnerie, l'audace & la temerité.

LE SOLEIL, de qualité chaude & séche temperée, ayant la domination de l'Ascendant, rend l'homme sanguin, beau de visage, vertu sur vertu, prudence, bonne grace, & plusieurs autres belles qualitez, tant en son corps qu'en son esprit, s'il n'est empêché par la jonction de Mars ou de Saturne.

Le Soleil gouverne le cœur, le cerveau, la moüelle, les jambes, l'œil gauche en l'homme, & le dextre en la femme, la colere flave, le nerf optique, les esprits vitaux, les organes du sens interieur, les mains, les pieds, la fantaisie, la vertu attractive, & la partie droite de tout le corps.

Des Maladies, il fait les maux de la bouche, les catharres, les fluxions aux yeux, la difficulté de l'égestion, les fistules, la froideur d'estomach & du foye, les fistules de la matrice & des parties inferieures, la saveur acre & poignante ; la syncope, la passion cardiaque, l'optalmie, les pustules de la matrice, & les maladies des yeux.

Venus

VENUS étant seule Dame de l'Ascendant, rend l'homme entre sanguin & flegmatique, & d'une gaye humeur; vif d'esprit, de bonne grace, complaisant & amoureux, de belle taille, mais un peu mol, ayant beaucoup d'amour pour les belles femmes; mais il sera doux & courtois, pieux, benin, juste, franc, ayant le corps blanc, la parole douce, les cheveux épais, un peu crêpus, bon biberon, Musicien, joüeur d'instrumens, chantre, bon peintre, sculpteur ou graveur excellent.

Elle a son pouvoir sur la matrice & vulve, aux testicules, au sperme, à la force concupiscible, sur la graisse & le foix, sur le nombril, l'os *Sacrum*, l'épine du dos, aux lumbes, à la tête, à la force de l'esprit genital, aux reins, & aux narines.

Des Maladies, fait la suffocation de la matrice & ses autres passions; la gonorrhée, la diabete, l'imbecilité d'estomach & du foye de cause froide, la verolle, les égestions moles, les maladies des parties secretes, les apostemes du cœur & du foye, la saveur douce & insipide, la couleur blanche, la passion du cœur, l'illiaque, la colique, le priapisme, les hemorroïdes, & les maladies froides de la gorge.

MERCURE étant muable en ses qualitez, s'il se rencontre avec Saturne ou Mars, ou placé en l'une de leurs Maisons, il est pire qu'eux-mêmes, rendant l'homme sacrilege, pilleur & violateur des choses sacrées, boute-feu, meurtrier, banny de son pays, oppresseur des pauvres, des veuves & orphelins, chancelant en la Foy, mauvais payeur, & toûjours dans les perils pour sa méchanceté: Mais s'il est aidé de Jupiter ou de Venus, il sera docte, bon Poëte, Mathematicien, Orateur, Philosophe, Chiromancien de bonne renommée, & fort agreable en toutes choses; car il sera d'un jugement vif, bon pour le conseil, & amateur des gens doctes & des belles Lettres.

Il gouverne la memoire, la langue & la parole, l'imagination, l'esprit & les doigts, les jambes, les amigdales de la bouche, l'esprit, la faculté retentive, les esprits animaux, le ventre, les cuisses, & les nerfs du cerveau.

Des Maladies, fait begayer, fait la lethargie & les empêchemens de la langue, casse la voix, fait les maladies des poulmons & le mal caduc, la colique, abondance de crachats, l'opilation du fiel, le vomissement, la ventosité de l'estomach, la manie, les delices de tout genre, le desespoir, perturbation d'esprit, & la précipitation de la raison.

LA LUNE, Maîtresse de l'Ascendant, rend l'homme froid, humide, & pituiteux, d'une grande taille & corpulence, chiche, plaisant à soy-même, yvrongne, avare, morne, & d'une mauvaise conscience: & s'il a Saturne pour adjoint, il haïra les hommes, jusques à ses propres amis: si elle a Mars avec elle, il sera méchant & détracteur; & si elle a Mercure, c'est un causeur importune, inconstant, jaloux, & timbré de folie; mais si Jupiter ou Venus luy aidoient, il participeroit de leurs qualitez.

Elle gouverne le cerveau, l'œil droit de l'homme, & le gauche de la femme, la partie secrete, l'estomach, la bouche, l'épine du dos, la moüelle, les menstruës, & les excrémens, la vertu expulsive, les membres de la generation, & la force & vertu de croître.

Des Maladies, elle fait ses passions lunatiques, les fluxions, & les catharres, en des Signes humides, & le vomissement: en des Signes froids & secs, l'épilepsie, la paralisie, la colique, les menstruës, le flux de ventre, l'hydropisie, l'obliquité du visage, la fiévre quotidienne, l'apoplexie, scotamie, les douleurs des yeux, les debilitez des nerfs, & les fluxions de toutes sortes.

Et pour sçavoir la longueur de la vie, l'on prend garde en quelle Maison le Maître de l'Ascendant étoit placé lors de la nativité de l'enfant ou du patient; car s'il se trouve en l'un des quatre Angles de la Figure, il sera d'une complexion & temperament si robuste, qu'il pourra vivre naturellement jusques à un âge décrepit, comme de soixante à quatre-vingt ans, & au delà: que s'il se trouve en l'une des succedentes, il sera d'une complexion mediocre, qui ne passera point les trente à quarante ans: mais s'il est logé en une cadente, il sera d'un temperament si foible, qu'il mourra en enfance, s'il n'est bien soigné; ce que sçachant le Medecin, il ne pourra manquer en son pronostic.

Des Signes qui dominent sur chaque partie du Corps.

ARIES domine la tête, la face, les yeux, les oreilles, & toutes les maladies qui s'engendrent à la tête, & domine de plus, à la colere; & lors que la Lune est audit Signe, il fait tres-bon saigner.

TAURUS domine le col, le gozier, & l'humeur mélancolique; & lors il fait tres-mauvais saigner.

GEMINI domine les épaules, les bras, les mains, les mammelles, & le sang; & lors il fait tres-mauvais saigner.

CANCER domine le poulmon, la poitrine, le foye, & les côtez, & préside aux flegmes salées; & lors fait bon prendre medecine, & la saignée moyenne.

LEO domine l'estomach, le petit ventre, le cœur, le dos, les flancs, le diafragme, & l'humeur colerique; & lors il fait tres-mauvais saigner, & prendre medecine.

VIRGO domine le ventre, les intestins, & pronostique leurs maladies, & engendre la mélancolie; & lors est défendu d'user de medecine & de saignée.

LIBRA domine le rable, le nombril, les reins, la vessie, les cuisses, le bas ventre, & le sang; & lors, tant la medecine que la saignée, sont tres-bonnes.

Scorpius domine l'haine, les parties honteuses, le trou par où se purge le ventre, les prochaines parties d'iceluy, & le flegme ; & lors la medecine est bonne, & la saignée moyenne.

Sagitarius domine les cuisses, les fesses, les hanches, & la colere; & lors fait tres-bon saigner, & la medecine moyenne.

Capricornus domine aux jarets, aux genoux, & excite l'humeur mélancolique ; & lors, tant la medecine que la saignée, sont défenduës.

Aquarius domine aux jambes, à la flûte d'icelles, & aux chevilles, & gouverne le sang ; & lors, tant la medecine que la saignée, sont tres-bonnes.

Pisces domine aux talons & aux pieds, domine aussi aux flegmes; & lors fait bon prendre medecine & la saignée moyenne.

Tout ce que dessus se doit entendre, quand la Lune est ausdits Signes, ou quand ils sont en l'Ascendant, qui est la premiere Maison Celeste.

De la matiere Medecinale sujette aux Planettes.

Premierement, sous l'Empire de Saturne, sont,

LA Feugere, la Ciguë, le Ceterat, l'Aconit, l'Ellebore, le Consiligo, l'Etoilé, la Frangule, l'Herbe aux poux, la Jusquiame, le Glouteron, la Pastenade, les Carotes, la Mousse, Les Tamarins, le Savinier, le Polypode, le Sené, le Tabouret ou Bource à Berger, la Ruë, le Persil, les Saules, le Solanum, l'Agnus Castus, la Teigne, la Blette, l'Imperiale, les Bonnes-Dames, l'Angelique & le Cyprés. Et les Animaux qui ensuivent: L'Asne, le Liévre, le Chat, les Rats & Souris, & le Corbeau : Et pour les Metaux, le Plomb, l'Arsenic, & les Sels.

Sous le domaine de Iupiter, sont,

Les Girofles, les Giroflées, les Cerises, le Baume, le Lin, la Betoine, l'Epine-Vinette, la Centaurée, la Verbasque, la Persicaire, la Roze Marine, l'Oreille d'Ours, la Fumeterre, le Teucrion, l'Oreille d'Asne, la Garance, la Germandrée, l'Origan, la petite Consoulde, la Lysimachie, la Rhubarbe, la Bourache & la Bugloze, les Meures, le Boulleau, l'Amandier & son fruit, les Grenades, les Violettes, la Chicorée, les Perfoliata, Sophia & Polimaria, l'Aristoloche ronde & l'Aquilagia. Et les animaux sont, le Mouton, la Cicogne, l'Alloüette, avec les Coraux & l'Etain.

Sous celuy de Mars, sont,

L'Arréte-Bœuf, les Tithimales ou Herbes au lait, les Artichaux, la Paume-dieu & les Orties. Et pour les Animaux, sont, les Renards, les Chiens, qui participent de Mercure ; comme aussi l'Hippotamos & l'Ours, le Loup, le Tigre, le Pard & la Panthere & le Vautour ; avec le Fer.

Sous l'empire du Soleil, sont,

Le Saffran, l'Aunée, les Citrons & Oranges, la Vigne, le Laurier, le Romarin, le Millepertuis, l'Helyocrison ou le Soucy, la Melisse, le Fresne, le Moly & l'Alisme. Et pour les Animaux, le Cheval, le Lyon, le Cocq & l'Aigle : & parmy les Metaux, l'Or.

Sous celüy de Venus, sont,

Les Lys, le Hyacinte, le Narcisse, le Nenuphar, le Satyrion, les Pommes, les Figues, & les Rozes : Pour les Animaux, les Pigeons & Tourterelles, le Moineau, le Cigne, la Perdrix, & le Paon : & des Metaux, le Cuivre.

Sous Mercure, sont,

La Camomille, le Nictimeron, les Féves, l'herbe à la Paralysie ou Primvere, la Coudre, Le Noyer, l'Alkaleïa, les Tréfles, le Sureau, le Genevrier, la Marjolaine, les Cubebes, la Serpentaire, l'Anis & la Pulmonaire : Les Animaux, l'Ecurieu, la Pie, le Rossignol, le Perroquet, l'Hyrondelle, les Fourmis, les Serpens, les Singes, la Chauve-Souris, la Mouche-Bouvine : Pour les Metaux, le Vif-Argent.

Sous la Lune, sont,

Les Choux, les Aulx, Oignons, & Porreaux, les Citroüilles, Concombres, & Melons, les Champignons, les Raves, la Laituë, la Pivoine, la Fléche d'Hercules, l'Epy & la Lentille d'eau, le Coquelicot & la Mandragore : Les Animaux sont, les Oyes, les Canards, les Crapaux, l'Araignée, le Coucou, les Hyboux, les Coquilages, les Grenoüilles, les Tortuës, l'Ecrevice & les Poissons : Et entre les Metaux, l'Argent est sous l'empire de la Lune.

Il y a une infinité d'autres Simples qui sont tous sous l'empire des mêmes Planettes ; mais avec un tel mélange & confusion, qu'il est bien difficile de les discerner : neanmoins selon leurs saveurs, couleurs, odeurs, & les lieux où ils croissent, on les peut connoître, dont voicy les Régles.

SATURNE, qui est ennemy du Soleil, préside aux lieux Septentrionaux, sombres & tenebreux, aux forests, aux solitudes, aux antres, aux rochers, & aux montagnes : Sur les couleurs noires, aux saveurs âpres

& aigres, & aux odeurs puantes, & aux animaux mélancoliques.

JUPITER, qui est benin, domine sur les lieux Orientaux, temperez, fertils & agreables ; aux couleurs rouges & bleuës, aux odeurs, & aux saveurs agreables ; aux Animaux doux & paisibles ; aux hommes gays & bien proportionnez, d'un visage meslé d'un vermillon, fort agreable, veritables, pacifiques, sages, justes & équitables.

MARS préside aux lieux secs & arides, aux couleurs fort rouges, sans aucune blancheur ; aux saveurs caustiques & mordicantes ; aux animaux coleriques, forts & robustes, & qui ne vivent que de rapine.

LE SOLEIL préside aux lieux Meridionaux, qui sont à l'ábry des vents & exposez à ses rayons ; aux couleurs jaunes, comme celles du Saffran & du Soucy ; aux saveurs & odeurs agreables, comme celles des Citrons & Orenges, & aux Animaux magnanimes & genereux.

VENUS domine aux lieux de plaisance, & aux douceurs & odeurs agreables, comme celle des Lys, & aux Animaux joyeux & féconds.

MERCURE aime les lieux sablonneux, la bizarrerie de couleurs & de bonne odeur, & les Animaux inconstans & babillards.

LA LUNE paroît dans les marais, & autres lieux aquatiques, dans les choses moles, & douceâtres, qui croissent en peu de tems, & sur les Animaux froids & humides, & la pluspart inutiles.

Lesquels Simples étans cueillis au jour & à l'heure du Planette qui les domine, & que d'ailleurs ce Planette soit en quelqu'une de ses Dignitez sans infortune ; le Simple ainsi cueilly & appliqué de même, aura une merveilleuse vertu pour guerir les Maladies causées par le Planette contraire, & ennemy de celuy qui domine le Simple, ainsi cueilly & pris en medecine, soit interieurement ou exterieurement. Par exemple, la Rubarbe, qui est sous la domination de Jupiter, purge les humeurs bilieuses causées par Mars son ennemy : Si donc la Rubarbe étoit cueillie ou prise en medecine, au jour de Jeudy dédié à Jupiter, à Soleil levant, ou à deux heures apres midy, qui sont ses heures, & que ce Planette soit fortuné, cette medecine aura un merveilleux efficace pour purger les humeurs bilieuses & coleriques, & guerir les maladies qui en dépendent, causées par Mars, ennemy de Jupiter ; & ainsi du reste.

Notez qu'iceux Simples étans semez ou plantez au jour & heure du Planette qui les domine, & iceluy exempt d'infortune, & en lieu qui luy est propre, comme il est dit cy-dessus, iceux Simples en viendront beaucoup plus beaux & meilleurs : & au contraire, quand ils échéent à être plantez sous un Planette contraire, ils ne font aucune fin : comme l'experience le pourra faire connoître à ceux qui en douteront.

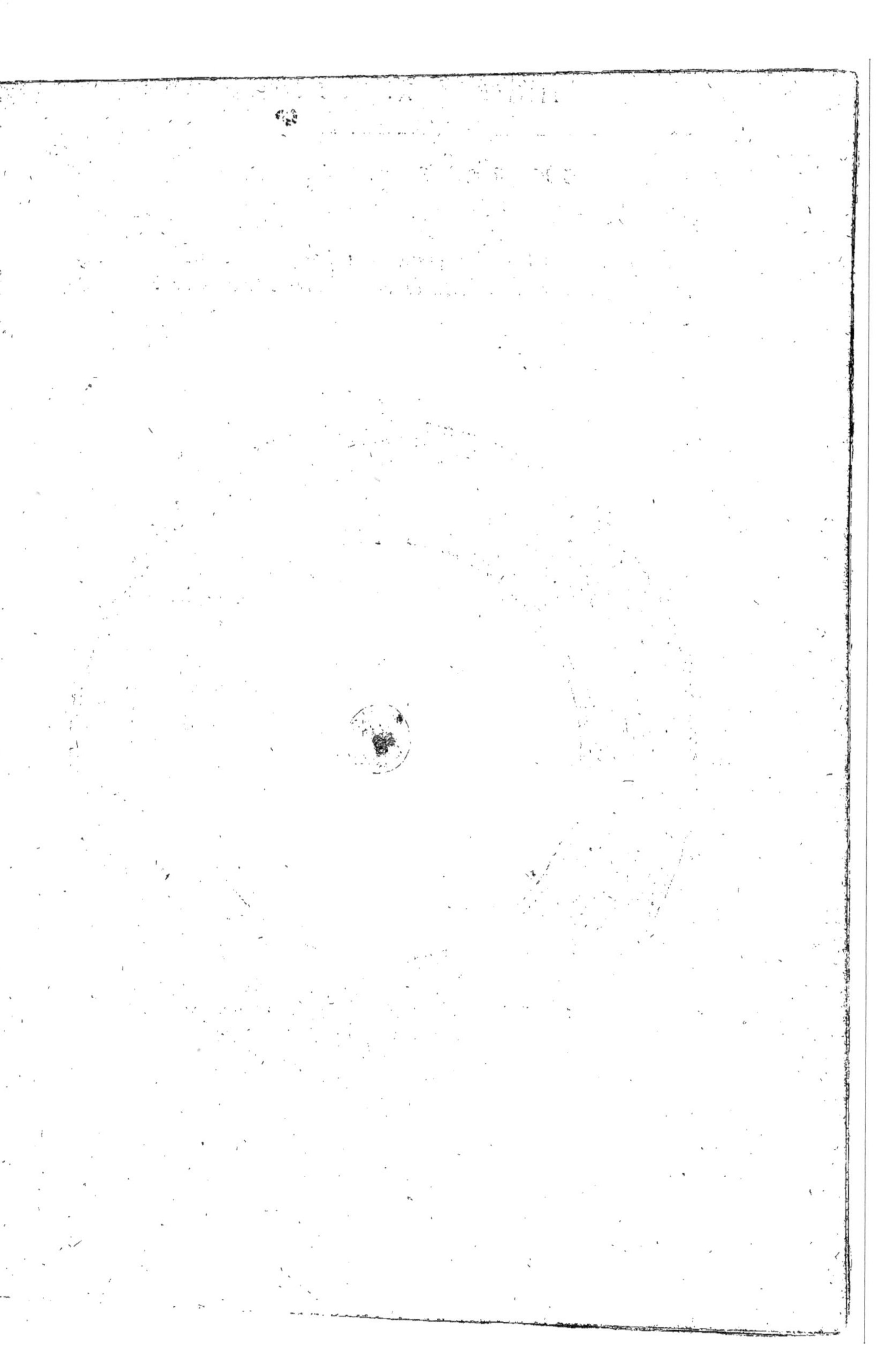

TABLE OV ROÜE SANS FIN, POUR sçavoir en quel Signe & Degré la Lune est en chaque heure du jour : Observer les jours Critiques, Indicatifs, & Intercides, d'une maladie : Voir au clair de la Lune qu'elle heure il est, & apprendre l'heure de la Marée en plusieurs Havres de France & des environs.

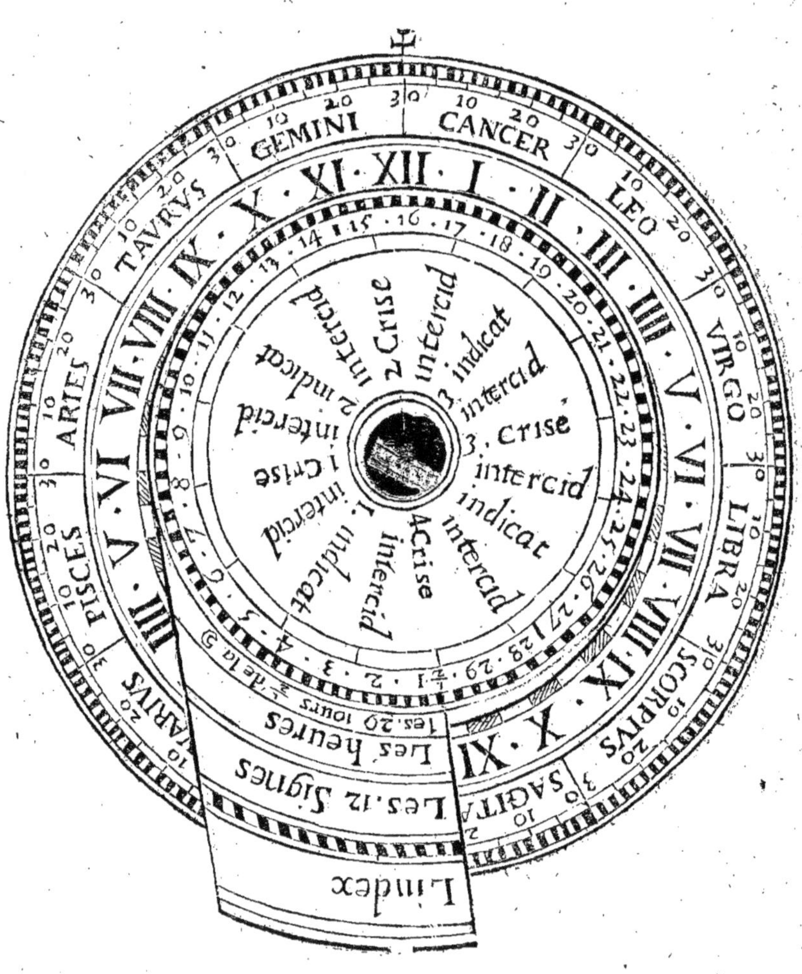

POur sçavoir en quel Signe & Degré d'iceluy, la Lune est en chaque jour & heure, il faut regarder en l'Ephemeride cy-dessus en quel Signe & Degré elle étoit lors de sa Conjonction precedente, & contêr combien il y a de jours depuis icelle Conjonction jusques au jour requis, puis mettre l'*Index* de la Table cy-dessus sur le Degré trouvé: cela fait, sans remuer l'*Index*, faut prendre le filet, & le faire passer par dessus le quantiéme jour requis, & il marquera sur le bord de la grand Rouë, le Degré du Signe où doit être la Lune le jour proposé, à pareille heure qu'elle étoit, lors de sa Conjonction.

EXEMPLE.

Je desire sçavoir où étoit la Lune le vingt de Février 1675; pour ce faire je cherche en l'Ephemeride de ladite année, le jour & l'heure de la Nouvelle Lune precedente ledit jour vingt Février, & en quel Signe & degré elle étoit: Je trouve que c'étoit le 25 Janvier, à neuf heures 30 min. apres midy, qu'elle étoit en Conjonction avec le Soleil, au 6 degré d'Aquarius: puis je conte combien il y a de jours depuis le 25 Janvier jusques au 20 Février, ce sont 26 jours: cela fait je mets l'*Index* de la petite Rouë sur le 6 degré d'Aquarius; puis sans remuer, je prens le filet, & le faisant passer par dessus le 26 jour marqué au bord de la petite Rouë, & l'etendant jusques au bord de la grande Rouë, sur le cercle des Signes, il marquera le 24 degré de Sagitarius, qui est le Signe & le degré où étoit la Lune le 20 Février, à 9 heures 30 min. apres midy.

Et dautant qu'elle fait environ 30 min. ou demy degré, par heure, & 12 degrez 11 min. par jour, l'on pourra sçavoir à toutes les autres heures du jour, le lieu où elle sera, en ajoûtant demy degré par heure: Il est vray que cette Régle n'est pas toûjours certaine, parce que la Lune va plus vîte étant en son Perigée, qu'en son Apogée; mais approchante de la verité.

Notez que les 30 jours marquez autour de la petite Rouë, ce sont les 30 jours de la Lune, & au dedans sont les jours Critifs, Indicatifs, & Intercidens des maladies, dont pour sçavoir les jours Critiques, Indicatifs, & intercidens d'une maladie, faut sçavoir en quel Signe & degré, étoit la Lune alors que le Malade, forcé par le mal, s'est mis au lit, qui s'apelle l'heure décubitable ou décubite; puis poser l'*Index* de la petite Rouë sur le même degré, au bord de la grand Rouë, & sans le remuer prendre le filet, & le passer sur le premier Angle Critic; il montrera sur le cercle des Signes, le degré du Signe, auquel la Lune étant parvenuë, se fera la premiere Crise; & sur le cercle des Jours, on verra sous le filet, le jour & l'heure d'icelle: & lors on pourra juger de l'évenement de la maladie, selon la qualité des Signes & des Planettes, bons ou mauvais, qui régneront lors. Il faudra faire le semblable pour trouver les autres jours Critics, Indicatifs, & Intercidens, regardant quand la Lune touchera & parviendra aux degrez répondans aux 16 Angles de la Figure, ce qui est tiré du 60 Aphorisme des 100 Sentences de Ptolomée, disant qu'il faut regarder aux jours Critics d'une maladie, le mouvement de la Lune ; car si elle est alors bien fortunée, le Malade guerira ; mais si elle est infortunée, il arrivera le contraire.

Du Cercle des Heures étant dans la grande Roüe, joignant l'Index.

CE Cercle sert à deux Usages : Le premier, pour sçavoir la nuit au clair de la Lune quelle heure il est ; & l'autre, pour sçavoir chaque jour l'heure que la Mer est haute aux Ports & Havres cy-apres nommez.

Pour le premier, ayant veu à un Cadran commun l'heure que la Lune y marque, l'on mettra l'*Index* sur la même heure ; puis ayant observé l'âge de la Lune, qui sont les jours qui se sont écoulez depuis sa Conjonction ou renouvellement ; faire passer le filet sur ce quantiéme là, & l'étendant sur le Cercle des heures ; il touchera l'heure qu'il est précisément.

Par exemple, si le Cadran marque douze heures, & que la Lune soit au 17 jour de son âge, c'est à dire, depuis sa Nouveauté, faut mettre l'*Index* sur douze heures, & passant le filet sur le nombre de 17 de la petite Roüe, il montrera sur le Cercle des Heures, qu'il est deux heures aprés minuit.

Pour le deuxiéme Usagge, sçachant à qu'elle heure la Mer est haute en Nouvelle Lune, en quelque Havre que ce soit, l'âge de la Lune montrera l'heure de la Marée.

Par exemple, à Caen & en la Côte de Flandres, en Nouvelle Lune la Mer est haute à douze heures ; mettant l'*Index* sur douze heures, & le filet sur le quantiéme de la Lune ; comme si c'est le 21 jour de la Lune, le filet passant sur 21 au petit Cercle, montrera sur celuy des Heures, cinq heures, à laquelle heure sera la Marée infailliblement ledit jour aufdits lieux.

La Mer est haute en nouvelle Lune aux Havres suivans, à sçavoir à Saint Malo, Anvers, Texel, & Hambourg, à six heures, tant de matin que de soir.

A Dieppe & au Havre de Grace, à dix heures & demie.

A Amsterdam, Calais, Poitou, & Gascogne, à trois heures.

A Roüen & la Rochelle, à trois heures & un quart ; le tout tant de matin que de soir.

ABRE-

ABREGE' DU TRAITE' DES TALISMANS, ou Figures Astrales, & de la Poudre de Sympathie de Monsieur l'Abbé D. B.

Sur l'Imprimé à Paris, chez Pierre de Bresche, ruë S. Jacques, à l'image Saint Joseph, en l'an 1657. Avec Approbation & Privilege.

Ce que c'est que Talismant.

TALISMANT n'est autre chose que le sceau, la figure ou l'image d'un Signe Celeste : Planette ou constellation faite, imprimée, gravée, ou cizelée, sur une Pierre Sympatique, ou sur un Metail correspondant à à l'Astre, par un Ouvrier qui ait l'esprit arrété & attaché à l'ouvrage, & à la fin de son ouvrage, sans étre distrait en d'autres pensées étrangeres, au jour & à l'heure du Planette, en un lieu fortuné, en un tems beau & serain, & quand ce Planette est en la meilleure disposition dans le Ciel qu'il peut être, afin d'attirer plus fortement ses influences, pour un effet dépendant du même pouvoir & de la vertu de ses influences.

Par cette diffinition ou description, il paroît qu'en la composition des Talismans, plusieurs choses sont à considerer ; à sçavoir, la matiere, la forme, la fin, & les effets, l'Ouvrier, & les diverses circonstances : ce qu'étant tout examiné, l'on connoîtra facilement, que les Talismans sont naturels, & non magiques & superstitieux, comme plusieurs ont crû.

Premierement, la matiere est une Pierre ou un metail que la nature nous fournit, & qui n'a point été forgé dans les Enfers. La forme est une Figure, image ou caractere, qui ne represente pas un démon, mais un homme ou bien quelque animal : L'Ouvrier est un graveur qui ne fait point des conjurations : S'il doit être attaché à son ouvrage, c'est une condition necessaire à tous les ouvriers qui ont dessein de travailler heureusement : la fin est d'attirer les influences des Planettes, ce que toute l'Ecole accorde être possible.

L'effet est de joüir de la vertu de l'influence, ce qui est naturel, puis qu'en possedant la cause, rien ne peut empécher de posseder l'effet : les circonstances ne sont point vicieuses, dautant qu'elles sont toutes conformes à la fin de l'operation : En effet, puis que la fin du Talismant est d'attirer les influences des Corps superieurs pour des effets particuliers, il est tres-naturel d'observer de poinct en poinct ce que dessus ; ainsi tout y est innocent.

Mais pour y proceder plus clairement & methodiquement, voyons en premier lieu, que les influences des Corps superieurs descendent icy bas. Secondement, qu'on les peut attirer abondamment & fortement, & nous verrons ensuite comme cela se fait, par le moyen d'une pierre ou metail Symbolique, ou conforme au Planette, en gravant sa figure, image ou caractere, au tems de sa meilleure disposition, & dans toutes les autres circonstances cy-dessus declarées, pour conclure avantageusement que les figures Talismaniques sont innocentes & naturelles.

Pour ce qui regarde le premier, il n'est pas necessaire de m'arrêter longtems pour le prouver, étant manifeste à tous ceux qui ont des yeux, que le Soleil, la Lune, & tous les Corps superieurs, envoyent continuellement leurs vertus icy bas, & que s'ils cessoient quelque moment de se communiquer, il se feroit une generale corruption dans toute la nature : La matiere de tous les composez de la nature inferieure, se prend des Elemens, mais la forme descend du Soleil & des Astres : Et nous pouvous dire que ces grands Corps superieurs, dominateurs de l'Univers, sont leurs peres, meres, & leurs nourrices, qui les forment, les élevent & les conservent. Que si les Astres concourent à nos productions, ils sont necessaires pour nous conserver, la conservation n'étant autre chose qu'une continuée production de l'Estre : & ainsi qui nieroit les influences des Astres sur la Terre, la détruiroit entierement ; parce que n'étant informée & enrichie que de leurs vertus, elle periroit avec toutes ses raretez, si elle n'étoit nourrie des mêmes alimens qui l'ont renduë féconde ; & cét Article ne peut souffrir aucune difficulté, puis que l'Ecole même, qui s'est renduë ennemie particuliére des Talismans, avouë les influences des Planettes ; mais il n'est pas si aisé à croire que ces influences se puissent attirer si fortement & abondamment par le moyen de l'Artifice, dans un sujet choisi pour cet effet : J'estime toutesfois que les preuves n'en sont point difficiles. L'experience nous fait-elle pas voir, que par le Miroir ardent nous ramassons les rayons Solaires vehicules de ses influences, & les introduisons dans l'étoupe ou autre matiere combustible qui s'allume par cet artifice, à raison de sa disposition, qui est en la matiere pour recevoir ce feu : que si cela se fait à l'égard du Soleil, il se peut faire à l'égard des autres Planettes par la même voye, dautant qu'ils influent icy bas chacun à leur façon, comme fait le Soleil, & leurs influences peuvent être attirées par celuy qui en connoîtra les moyens, & les matieres disposées à les recevoir. Que si doncques, en premier lieu, les influences descendent icy bas ; & si en second lieu, on les peut attirer fortement & abondamment par quelque artifice, sur des matieres propres, comme l'experience le montre évidemment, nous n'avons plus qu'à voir & colliger de là, que les Talismans sont naturels, en toutes les circonstances, qui accompagnent leur composition.

Mait vous me direz peut-être, qu'encores bien qu'il ne paroisse rien de superstitieux & de surnaturel, en la composition des Talismans, les effets toutesfois que l'on leur attribuë étant au dessus du pouvoir de la nature, sont des motifs assez forts pour les condamner : Vous m'accorderez bien, que les influences des Astres se peuvent attirer fortement & copieusement,

& que toutes les conditions cy-dessus rapportées, ne blessent pas la raison; mais que ces influences attirées sur la pierre ou le metail, puissent causer les effets que nous lisons dans les Ecrits des Curieux; c'est ce qui ne se peut pas aisément concevoir : Car quelle apparence que Saturne fasse trouver les Tresors, & révelle les secrets? Jupiter departe les dignitez & les honneurs, le respect & la dilection? Que Mars donne les victoires? Le Soleil, l'amitié des Grands, des Princes & des Rois? Venus, l'amour des femmes, la paix & la concorde? Mercure, les sciences, & le bonheur aux marchandises & au jeu? Que la Lune felicite les voyages, & en détourne les malheurs? Si le pouvoir des Talismans ne s'étendoit qu'à guerir les maladies, comme les Signes & les Astres dominent icy bas sur les diverses parties de nos corps; à sçavoir le Soleil, au cœur : Venus, aux rheins : Mercure, au poulmon : La Lune, au cerveau : Mars, à l'estomach : Jupiter, au foye : Et Saturne, à la rate; & les Signes, aux autres parties du corps; ainsi qu'ont remarqué les Astrologues Medecins. On pourroit se persuader facilement, que les influences de ces constellations, attirées par l'artifice, gueriroient les infirmitez és parties sur lesquelles elles dominent, & que souvent elles causent, dautant que l'experience nous fait voir, que si on collige un Simple propre à quelque maladie à l'heure du Planette, qui a correspondance avec le Simple, il en est beaucoup plus efficace : Elle nous fait connoître, que si un Simple est cueilly à l'heure du Planette, ennemy de celuy qui cause cette maladie, son operation en est plus forte & plus heureuse : Comme par exemple, si vous cueillez la Chicorée, qui est amie du foye, à l'heure de Mars, elle sera beaucoup meilleure pour guerir les inflammations du foye, que si elle étoit cueillie en une autre heure, parce que Jupiter cause cette incommodité; & Mars est ennemy de Jupiter : D'où vient que les plus sages & sçavans Medecins conseillent de prendre garde aux maladies que causent les Planettes, & de prendre ou preparer le remede à l'heure que domine le Planette, ennemy de celuy qui a causé la maladie. Ainsi nous connoissons par l'experience, que les influences attirées par les soins & artifice de l'Ouvrier, peuvent causer & guerir plusieurs sortes de maladies, & produire dans les sujets plusieurs mauvaises ou bonnes qualitez, selon la force ou vertu de l'influence. Mais il n'est pas si facile à concevoir comme ces Astres donnent les honneurs, les victoires, l'amour, & produisent d'autres semblables effets qui dépendent des volontez & libertez des hommes.

A n'en point mentir, cette objection paroît d'abord avoir assez de force; & celuy qui diroit que les Astres produisent ces merveilleux effets, dépendans principalement de nôtre liberté, par une fatale necessité, seroit dans l'erreur : Mais aussi si nous disons que les Astres inclinent nos volontez, sans toutefois les contraindre, je ne vois pas qu'en ce sens, je veux dire, en nous donnant quelques inclinations par leurs influences, que l'on nous puisse blâmer, si nous asseurons qu'ils peuvent donner de l'amour, de la crainte, de la terreur, & des honneurs. Nous sommes tous composez de quatre humeurs, que l'on apelle sang, colere, melancolie & pituite; le mélange de ces humeurs, produisent en nous plusieurs sortes d'accidens, & de là dérivent les divers mouvemens de nôtre ame : Nous connoissons assez tous les jours, que nous sommes agitez de nos diverses passions, suivant que l'une de ses humeurs domine. Or il est indubitable que les Planettes, & les autres Astres dominent sur ces humeurs; d'où vient que nous appellons les mélancoliques, Saturniens : Les humides, Lunaires : Les sanguins, Joviaux : Et les coleres, Martiaux; & ainsi des autres : Et partant les Astres, par cette dénomination, inclinent nos volontez, que reçoivent souvent les mouvemens de nos passions, excitées & allumées par nos humeurs : Et c'est en ce sens qu'il faut entendre, que les Talismans donnent des honneurs, de l'amour, de la terreur, & de la crainte : Ils sont remplis par les raisons que nous avons dites des influences des Astres; ces influences produisent leurs vertus, & la personne qui les porte sur soy, est comme le Ciel de cét Astre corporifié, ceux qui les reçoivent se trouvent agitez de son propre & naturel mouvement; & ce mouvement se rencontrant naturel en la personne qui le reçoit, elle le regarde comme un bien qui luy est propre : Ainsi tend plûtost au sujet d'où il procede, qu'à tous autres : Par exemple, vous portez un Talisman pour donner de la terreur ou de l'amour, c'est à dire de Mars, ou de Venus, vôtre Talisman imprimé & empreint fortement des influences de ces Astres, sont icy bas comme ces Astres mesmes corporifiez dans leur propre matiere; partant ils agissent & exalent leurs vertus à la façon de ces Astres; & vous qui les portez, étes comme le Ciel & l'intelligence qui les mouvez de part & d'autre : Vous qui les portez és lieux où sont les personnes, ausquelles vous voulez donner de la terreur ou de l'amour; ces personnes, à la presence invisible de ces Astres, reçoivent ces influences, elles se trouvent agitées de leurs vertus, de crainte ou d'amour, & elles en produisent les mouvemens à vôtre égard, parce que c'est de vous que part l'influence & la vertu : Si elle est pour donner de la crainte, on vous craint : Si de l'amour, on vous aime; & ainsi de toutes les autres semblables qualitez : Et certes, en cela je ne vois rien de criminel; car tous ces effets ne proviennent directement que des humeurs excitées par les influences qui sont envoyées par les Talismans, & reçûs és sujets par le moyen de ces humeurs; & nous ne disons pas que les personnes qui reçoivent les vertus des Talismans ne peuvent resister à leur effort; elles le peuvent sans doute; & si elles sont poussées fortement lors qu'elles y resistent, leur victoire en est plus glorieuse & plus illustre. Et c'est ainsi que l'ont entendu les Anciens sages & Philosophes, quand ils nous ont décrit la vertu des Sceaux & des figures Planettaires, gravées sur les Metaux ou sur les pierres : Et jamais ils n'ont prétendu que les Talismans fussent des images Negromantiques qui empoisonnent les esprits, & les forcent au mouvement & à l'effet de quelque passion. Salomon étoit trop sage pour laisser à la posterité des images de cette nature, & toutesfois on luy impute un te un livre intitulé, *Des Sceaux des Pierreries*, où il dit, que la figure d'un homme gravée sur du Jaspe vert, enchassée dans l'airain, ayant un bouclier pendu au col, & un casque en tête, un glaive élevé à la main, & foulant un serpent aux pieds, rend celuy qui le porte au col, par tout victorieux & invincible.

Que la figure du Scorpion & du Sagitaire se combatans, gravée en quelques pierres, & enchassée dans un anneau de fer, cause les divisions parmy ceux qui en sont touchez; au contraire, la figure du Belier, avec la moitié du Taureau, gravée dans une pierre, & enchassée dans l'argent, apporte la paix & la concorde. Que la figure du Verseau, gravée sur une Turquoise, fait gagner aux Marchands, tout ce qu'ils veulent. Que la figure de Mars, qui est un Soldat armé avec sa lance, gravée sur une pierre, rend l'homme belliqueux. La figure de Jupiter, qui est la forme d'un Homme, ayant la tête de Belier, gravée sur quelque pierre, rend celuy qui la porte, aimable & gracieux, & luy fait obtenir l'effet de ses desirs. Que la figure du Capricorne, gravée sur une pierre precieuse, & enchassée dans un anneau d'argent, rend l'homme invulnerable & en ses biens & en sa personne; un Juge ne pourra jamais donner Sentence contre luy; il abondera en biens & en honneurs, & acquerra la bien-veillance de tous les hommes.

Le grand Hermes pareillement, n'a jamais été soupçonné de magie, & cependant il a laissé dans un de ses Livres, quinze images de même façon. Ragel, Thetel, Cahel, anciens Hebreux; Les Arabes, comme Almanzor, Messahala, & autres; & parmy les nôtres, Pierre d'Apone, Roger Bacon, Albert le Grand, Marcile Ficin, Paracelse, Arnaud de Villeneuve, Gafarel, & autres grands Personnages, en ont laissé des Traitez tous entiers: Il me suffit donc d'insinüer icy au Lecteur, que de si grands Hommes, si éclairez en leurs esprits, si réglez en leurs mœurs, & si sages dans leurs vies, n'auroient pas voulu donner au public des Leçons superstitieuses; & qu'il est plus à croire qu'ils avoient reconnu la vertu des Talismans, dautant que de tout tems l'experience en a fait connoître le pouvoir, les Histoires étant remplies de mille beaux exemples qui justifient leur puissance, entr'autres, qu'il ne pleuvoit jamais dans le Parvis du Temple de Venus à Cypre, par la vertu d'un Talismant, fait & gravé à ce dessein. Que du tems de Chilperic, Roy de France, en creusant quelque fossé de la Ville de Paris, on trouva une Lame d'airain, où étoit gravée la figure d'un Feu, d'un Serpent, & d'un Rat; & que l'ayant ôtée par mégarde, il arriva un grand embrasement, qui brûla presque toute la Ville, & les Parisiens furent incommodez d'un nombre prodigieux de Serpens & de Rats, au raport de Gregoire de Tours. Que les Annales de Turquie portent, qu'il y avoit à Constantinople plusieurs fatales Statuës, qui ayant été abatuës & détruites, la Ville fut affligée de plusieurs grands malheurs, & qu'entr'autres, la statuë d'un Cavalier, qui servoit de preservatif contre la peste, ayant été renversée, les Habitans en ont presque toûjours été infectez du depuis. Qu'il y a eu pluſieurs Villes où il y avoit de certaines Figures qui pouvoient empêcher qu'elles ne fuſſent priſes des Ennemis, comme étoit le *Paladium* de Troye, les Boucliers de Rome, & autres, qu'ils apelloient leurs Dieux Tutelaires. Il eſt dont certain qu'ils ont été de tout tems en uſage; & partant nous pouvons dire enſuite que cette ſcience a été inſpirée, comme les autres à nôtre premier Pere, & qu'elle s'eſt communiquée ſucceſſivement juſques à nos jours.

Je ne crois pas pourtant que ces anciens Sages nous ayent laiſſé ces Leçons curieuſes, pour nous obliger à leur pratique avec empreſſement; mais ſeulement pour nous faire connoître les ſecrets reſſorts, & merveilleux pouvoirs de la nature. Et moy pareillement je ne prétens pas faire un capital de cette Science dans ce petit Ouvrage, & donner des aiguillons aux Curieux de s'apliquer à ſa recherche; mais ſeulement de la juſtifier contre la calomnie: Il eſt vray que les bons en feroient un merveilleux fruit; mais auſſi quels maux ne feroient pas les libertins? J'avouë toutesfois que la recherche n'en eſt point blâmable; mais il faut que ce ſoit avec indifference & dans l'ordre; & ſur tout, que l'intention ſoit réglée, & ne regarde que le bien du prochain & la gloire de Dieu. A ces conditions, j'en laiſſeray icy quelques-uns, que j'ay choiſis parmy pluſieurs, comme les plus veritables & experimentez.

Pour la joye, beauté, & force du corps.

Gravez ſur du Cuivre, l'image de Venus, qui eſt une Dame tenant en main des fleurs & des fruits, en la premiere face du Taureau, de la Balance, ou des Poiſſons, au jour & en l'heure de Venus, ou de Jupiter.

Pour guerir la Goute.

Gravez la figure des Poiſſons, qui ſont deux poiſſons, l'un ayant la tête d'un côté, & l'autre de l'autre, ſur Or ou Argent, ou ſur de l'Or mêlé d'Argent, quand le Soleil eſt aux Poiſſons libre d'infortune, & que Jupiter, Seigneur de ce Signe, ſoit auſſi fortuné.

Pour acquerir aiſément les honneurs, grandeurs & dignitez.

Faites graver l'image de Jupiter, qui eſt un homme, ayant la tête d'un Belier, ſur de l'Etain ou de l'Argent, ou ſur une pierre blanche, au jour & heure de Jupiter, quand il eſt dans ſon Domicile, qui eſt le Sagitaire ou les Poiſſons, ou dans ſon Exaltation, comme au Cancer, & qu'il ſoit libre de tous empêchemens, principalement de tous mauvais regards de Saturne ou de Mars: en un mot, qu'il ſoit fortuné en tout, portez cét Image ſur vous, & vous verrez ce qui ſurpaſſe vôtre creance.

Pour être heureux en marchandise & au jeu.

Gravez l'image de Mercure sur de l'Argent ou sur de l'Etain fin, ou pour le mieux un metail composé d'argent, d'Etain & de Vif-Argent, au jour & à l'heure de Mercure; portez cet Image sur vous, ou la mettez dans un magasin de Marchand, il prosperera en peu de tems d'une façon presque incroyable.

Pour estre courageux & victorieux.

Gravez l'image de Mars en la premiere face du Scorpion, au jour & à l'heure de Mars sur du Fer, comme un coûteau ou lame d'epée, & vous ferez merveilles.

Pour avoir la faveur des Rois, des Princes & des Grands, & mesme pour guerir les maladies.

Gravez l'image du Soleil, qui est un Roy assis dans un trône, ayant un Lyon à son côté, sur de l'Or tres-pur & tres-raffiné, le Soleil étant en la premiere face du Leo, & qu'il soit fort & fortuné.

Pour avoir l'esprit subtil & bonne memoire.

Gravez l'image de Mercure, qui est un jeune Homme assis, tenant en main un Caducée, & la tête couverte d'un chapeau, en la premiere face des Gemeaux ou de la Vierge, sur un metail comme nous avons dit cy-dessus, au troisiéme article.

Pour acquerir des richesses, & mesme pour guerir les maux froids.

Gravez la figure d'une Ecrevisse à l'heure de Saturne, Cancer étant au milieu du Ciel, & Saturne à sa seconde face, sur du Plomb affiné, ou sur de l'Or ou Argent.

Voilà sans doute les Talismans plus reçûs de tout tems, & dont j'ay veu des effets assez considerables pour les autoriser: Les Auteurs en enseignent plusieurs autres; mais comme je n'en ay point veu d'experience, & que je ne les puis pas déduire tous en particulier, je diray seulement en general, que les figures, images, ou caracteres de tous les Signes faites, ciselées, ou gravées, ou bien fonduës & coulées en moule, lors que le Soleil est aux mêmes Signes, sont souveraines pour les Maladies des parties qui sont dominées par ces Signes. Que les figures des Planettes, faites sur les Métaux qui leurs sont propres, au jour & à l'heure du Planette, & quand il est en bonne disposition, sont excellentes pour les effets qui dépendent de sa vertu & de son pouvoir. Que pour assembler ou faire fuïr les Animaux que vous voudrez, il faut faire les figures des Signes ou Planettes qui dominent sur ces Animaux, quand ces Signes ou Planettes sont dans une convenable disposition, c'est à dire que si c'est pour les amasser, il faut que le Planette soit dans une bonne disposition, si c'est pour les faire fuïr, il faut qu'il soit dans une mauvaise Conjoncture. Or la maniere d'user des Talismans est de les porter sur soy. Quelques Auteurs desirent que l'on en touche les personnes desquelles on prétend quelque effet: L'on les met aussi és lieux ou l'on desire amasser les animaux, comme dans un Colombier pour faire venir les Pigeons; dans un bois, pour amasser les Loups, afin de les tuer; dans une campagne ou doivent passer les Ennemis, ou l'Armée, pour leur imprimer de la terreur, & les mettre en déroute; dans un grenier, pour en chasser les Rats, & autres vermines, qui mangent le grain. Et pour conclure ce petit Ouvrage, j'asseureray, avec les Anciens, confirmé par mon peu d'experience, que si vous observez bien toutes les conditions necessaires à la composition du Talismant, vous découvrirez un merveilleux pouvoir dans la nature: Vous louërez son Auteur, & ne me voudrez point de mal, de vous avoir icy ébauché un petit crayon de cette curieuse Science. Mais je prie aussi de tout mon cœur, celuy qui y voudra appliquer les mains & son esprit, de ne la point prophaner, comme font plusieurs, par un vain mélange de mille choses inutiles & superstitieuses, de ne s'en point servir pour de mauvais usages, mais seulement pour la satisfaction de son esprit, pour le soulagement de son prochain, & pour la gloire de celuy qui a donné à la nature tout le pouvoir qu'elle a, & qui la peut empêcher d'agir quand bon luy semble.

Composition de la Poudre de Sympathie, du même Auteur.

LA Poudre de Sympathie étant de la même condition des Talismans, il n'est pas besoin de raporter icy toutes les raisons que l'Auteur a mises en avant pour l'autoriser & la justifier, contre la calomnie de ceux qui l'ont cruë superstitieuse & magique; il ne faut qu'en voir la composition & l'usage pour s'en desabuser entierement, qui est telle.

On prend du Vitriol Romain ou Couperose, on l'expose au Soleil pendant les Jours Caniculaires; ce Vitriol étant regardé amoureusement & arrosé de cette source de lumiere, il s'altere doucement; il se desséche; il se reduit en poudre; il se calcine & se blanchit. Et voila tout l'artifice & le mystere de cette Poudre merveilleuse, dont il faut user de la maniere suivante, pour la guerison des playes non mortelles.

On essuye la playe avec un linge blanc & net, sur lequel étant démeuré du sang ou du pus de la playe, on met dessus ce sang ou pus, un peu de cette

Poudre ; on garde ce linge ainsi accommodé en quelque lieu temperé ; on reïtére de metre de la poudre sur ce linge une ou deux fois le jour, pendant cinq ou six jours, quelques fois plus ou moins, selon la grandeur de la playe ; en ce faisant, les parties se rejoignent, la playe se referme, & le Blessé se trouve guery, quand même il seroit éloigné de plusieurs lieux du linge où est apliqué la Poudre, sans qu'il soit besoin de toucher à la playe, sinon de l'enveloper & lier, comme on a de coûtume, la premiere fois seulement, & sans garder aucun regime.

Or si vous prenez garde à tout cecy, on n'y peut remarquer aucune sorte de superstition ; on n'y voit point de circonstance vicieuse ; point de vaines ceremonies, non plus qu'aux Talismens ; point de paroles inutiles ; point de convention, point de Signes de Croix marquez mal à propos ; point de postures ridicules ; & autres pareilles grimaces dont usent ordinairement les Magiciens prophanes & reprouvez en leurs enchantemens.

La matiere est tres-simple & naturelle ; sa composition se fait au Soleil, qui influë la vie & les vertus à toutes choses ; l'operateur est l'Homme, qui n'a fait aucun pact, qui n'en voudroit point faire, & qui renonce à tous ceux qui pourroient être faits ; qui ne profere point de paroles ; ne dit point d'oraisons, & se comporte en tout de la même maniere qu'en l'aplication des autres remedes, sinon qu'il l'aplique sur le linge trempé ou imbu du sang ou pus du Blessé, & non sur la playe ; mais ce linge n'a point été tissu dans les enfers ; ce sang ou pus n'a point été enchanté, non plus que la Poudre, par fumigations ou autres semblables amusemens Negromantiques : Pourquoy donc, tout y étant tres-naturel, la croirons-nous criminelle ?

La Sympathie qui se rencontre entre la playe du Blessé, le sang ou pus qui en est sorty, & la Poudre produit tout ce mistere : Ne voyons nous pas que par la même sympathie, qui se trouve entre le Fer & l'aymant, fait que le Fer qui en est touché, attire & fait mouvoir un autre Fer qui en est éloigné ; que l'aiguille de Fer qui en est frottée tourne toûjours devers le Pole, en quelque lieu du Monde qu'on la puisse porter : Même il y a quelques Auteurs qui disent, que deux aiguilles de Fer d'une même sorte, frottées ensemblement à l'Aymant, sous certaine constellation, qu'ils ne nomment pas, mais je croy que c'est celle de Mars & de Mercure étans conjoins corporellement ou d'Aspect ou d'amitié, au jour de l'un & à l'heure de l'autre, que ces aiguilles auront une telle sympathie encemble, qu'étant placées sur chacun son pivot, comme on les pose ordinairement aux Boussoles, que lors qu'on fera remuer ou tourner l'une, que l'autre fera le semblable, fussent-elles éloignées d'un bout à l'autre du Monde ; de sorte, que deux personnes qui auroient correspondance ensemble se pourroient faire sçavoir de leurs nouvelles en un moment, quelque distance qu'il y eût entre-deux, par le moyen de ces aiguilles, ajustées dans chacune sa boëte, autour desquelles l'on auroit marqué en rond toutes les lettres de l'Alphabet, commençant au Nord ou au Sud, & que ces personnes fussent demeurées d'accord avant leur depart du jour & de l'heure qu'ils ouvriroient leurs boëttes ; & le tems étant venu que l'un & l'autre fissent faire chacun deux ou trois tours à leurs aiguilles pour signal qu'ils étoient prests de se tenir parole ; cela fait, l'on n'auroit qu'à faire toucher avec la pointe de son aiguille telles lettres qu'il voudroit, & que l'autre aiguille feroit le semblable, au moyen de quoy l'on pourroit composer tel discours qu'on desireroit : Comme par Exemple, si l'un étoit à Rome, & l'autre à Paris, & que celuy là voulut faire sçavoir à celuy-cy que le Pape se porte bien, il n'auroit qu'a faire toucher & arrêter un moment la pointe de son aiguille sur l'L, puis sur l'E, & en suite sur le P, sur l'A sur le P, encore une fois, & ainsi consecutivement sur toutes les Lettres qui composent ce discours, celuy qui seroit à Paris. n'auroit qu'à noter toutes les même Lettres que son a guille toucheroit, & les écrire sur du Papier, & ainsi qu'il trouveroit à la fin avoir écrit tout ce que son amy luy auroit voulu faire entendre, & que luy, à son tour, pourroit faire sçavoir à l'autre tout ce qu'il voudroit : Mais comme je n'ay éprouvé ce Secret ny veu aucune personne qui l'ait fait, je n'en puis asseurer ; il est certain que si cela se fait, que c'est par la Sympathie d'entre Mars qui domine sur le Fer & sur l'Aymant, & Mercure qui préside aux Lettres, Ambassades & Messageries : Mais pour la Poudre de Sympathie, tant d'honnêtes Gens l'ont experimentée, qu'il n'y a point de lieu d'en douter.

Ainsi l'Encre, qu'on apelle de Sympathie, ou plûtôt d'Anthipathie, apparoît à nos yeux comme un petit miracle de nature, dont voicy la composition : L'on fait boüillir un demy-quar-d'heure dans un demy-septier de Vinaigre distilé, une once de Litarge d'argent, puis on filtre ce Vinaigre, & l'on écrit ; l'écriture étant séche, n'aparoit nullement, sinon en faisant passer par dessus de l'eau en laquelle on aura détaint un morceau de Chaux-vive, avec une éponge ou la barbe d'une plume, sans toutesfois attoucher au papier ny à l'écriture ; alors cette écriture se découvre, se noircit & apparoit visiblement ; car Mars qui domine sur la Chaux-vive, à cause de son excessive chaleur, est tellement ennemy de la Lune qui domine sur l'argent, & ce qui en-dépend à cause de sa froide humidité, que l'un sentant approcher l'autre, change de couleur, & se noircit comme de colere, tout ainsi que feroit un homme qui verroit approcher de luy son ennemy, lequel même apres sa mort jette du sang en la place de son meurtrier, & comme la chandelle faite de suif humain, qui étant allumée, petille & se détaint, approchant d'un thresor.

Or cette Encre de Sympathie est un tres beau secret, tant pour faire des Lettres cachées & secretes, que pour faire admirer une Compagnie ; car ayant écrit à son insçû, une Lettre de la premiere Eau cy-dessus, d'un côté d'une main de papier, & aprés avoir montré ce papier où il n'apparoît aucune écriture, & en la presence de tous, écrire de l'autre côté de la main de papier, avec l'eau de chaux, une pareille Lettre que la premiere ; cette derniere écriture étant séche, n'apparoîtra point ; mais tournant la main de Papier, l'on verra la premiere écriture bien lisible ; tellement qu'on croira facilement que l'écriture aura passé au travers de la main de Papier. Je rapporterois bien encor plusieurs autres raisons pour autoriser & justifier les Talismans & la Poudre de Sympathie, comme choses naturelles & innocentes, mais je m'en dispense afin d'abreger, ces preuves me semblant assez fortes.

FIN.

TABLE DES CHAPITRES DE LA PREMIERE PARTIE.

TABLE DES CHAPITRES ET ARTICLES DE LA SECONDE PARTIE.

Fin des Tables.

www.ingramcontent.com/pod-product-compliance
Lightning Source LLC
Chambersburg PA
CBHW050606210326
41521CB00008B/1132

* 9 7 8 2 0 1 9 5 3 9 1 2 2 *